数学がゲームを動かす！

ゲームデザインから人工知能まで

三宅 陽一郎・清木 昌 著
Miyake Youichiro　Seiki Masashi

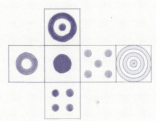

日本評論社

Prologue

数学がゲームを動かす！
（三宅・清木対談）

清木●数学は役に立たないって言われてますよね．

三宅●そうですよね．特に中高生のみなさんは，数学を勉強していて，何の役に立つんだってよく言ってますよね．

清木●でも，例えばゲームって数学がないとまったく動かない．

三宅●そうそう．ゲームは数学的な原理で動いているわけですから，とても役に立っています．

清木●ゲーム開発のプログラミングをしているときは，いかに数学的原理をコードに落としていくかってことを考えますね．

三宅●数学を知れば知るほどゲームのことが分かるんですよね．だから，この本では，ゲームを動かしている数学って具体的にこうなっている，ということをお伝えしたい．

清木●と，いきなり始まりましたが，まえがきでもあるこの序章では，本書の執筆者2人で雑談をしながら，この本の見所などをお伝えできればと思います．三宅さんはゲーム開発者として，もう長いですよね．何年ぐらいになりますか．

三宅●そうですね．2004年からなので，約20年ですね．

清木●私も三宅さんとほぼ同じぐらいの時期に就職しているので，お互い20年ぐらいゲームとかデジタルのエンタメを作り続けてきていますね．それで，三宅さん，数学って実際，ゲーム開発でどのような立ち位置でしょう．

三宅●ゲームの世界は数学を介して成立していますね．人工知能のこともそうですが，最後は数学的なものに帰結していって，それがプログラムになるみたいな流れですね．

清木●なるほど．なんというか，ゲーム開発における基盤みたいなものです

ね.

三宅●そうですね. 作ったソフトウェアの根幹というか, 骨格を与えてくれるみたいなイメージです. 数学によってゲームが構造化され, 特に動的な仕組みでは数学が本領を発揮します.

　ただここで言う「数学」は, とても幅広いものです. 中学, 高校で習う「数学」もたいへんよく使いますし,『数学セミナー』で扱われるような高等な「数学」もやはり使います.

清木●数値のバランスを扱う部分は, むしろ「算数」と言った方がよい領域もありますよね. なので, 本書は直感的にわかりやすい部分が多いかと思います. 数式がたくさん出てくるページもときどきありますが, 説明を補助するための数式ですので, 読むのがたいへんであれば, 斜め読みしていただいても問題ありません.

三宅●「ゲームと数学がどのように接しているか」に着目してお読みいただければ, 十分に楽しんでいただけると思います.

清木●さて, 三宅さんはゲーム AI の第一人者ですけれども, 普段ゲームがどう作られているのかをご存知ない方は, ゲームの AI がどうやって動いているのかもわからない, 想像するのも難しいかもしれないですね. 具体的にイメージできそうな例はありますか.

三宅●そうですね. 例えばキャラクターが敵に囲まれていて, どの敵からやっつけようかという話があります. これを「ターゲッティング問題」と言います. 弱い敵からやっつけるのか, 強い敵を優先するのか, 自分に向かってくる敵を先に倒すのか, 弱い敵とは距離を取って, 強い敵を早く倒した方がいいのか, などいろいろあります. そういう場合は評価値をつけて, 数値で比較して, この敵を最初にやっつけるとか決めるわけです. すごく初歩的な話なんですけど, そこをどういうふうに評価関数を作ったらいいか, というのが数学だったりするんです.

清木●いま,「評価関数」という言葉が出てきましたが,「関数」って本来は数学の用語ですよね. ゲームを作るときにも, 学校の数学で学んだ「関数」という概念を日々使っているということですね.

三宅●そうですね. 例えば距離の 2 乗に反比例して評価値が減っていくのか,

それとも距離の逆数の方がよいのか．グラフの形が違いますよね．どんな関数の形にしたら一番よいターゲッティングができるかなど，ゲーム開発の現場でよく考えます．「この場合はグラフは直線でよいのではないか」など，いろいろ議論しますね．

清木●例えば，10 m 先にいる敵と 1 m 先にいる敵，どちらにどのくらい注目したいのかというのは，ゲームやシチュエーションによって変わってくるわけですよね．

三宅●そうですね．本当に急激に注目度が下がるケースもあれば，そうでないケースもあります．そこを数式で表現しないといけないので，距離を入力としてどういう式を作ればいいのかを日常的に考えているということですね．身近な例としてはそんなところでしょうか．清木さんはゲーム開発における数学の利用については何かエピソードはありますか？

清木●本書について，糸井さん[*1]と雑談したときに教えてもらったエピソードが素敵だったのでぜひ紹介させてください．糸井さんが『糸井重里のバス釣り No.1』(任天堂，1997 年)を開発していたときの話なのですが，年の瀬のそろそろ完成という時期になっても，竿を振ってルアーを投げ入れるときの釣り糸の動きが硬くて，「このままじゃだめだよなー」と思っていらっしゃったようなのです．それが，年が明けたら，綺麗に糸がしなりながら飛んでいくようになっていた．どうやら，当時は開発会社のハル研究所でプロデューサーをしていたはずの岩田さん[*2]が正月に自ら実装されたらしく(笑)[*3]．

三宅●さまざまな伝説が残る岩田さんらしいエピソードですね！

清木●糸が「スーパーファミコン」と思えない，実に色気のある挙動をしているんですよね．あの動きがあるだけで，グッと釣りをしている手応えが出

[*1]　株式会社ほぼ日社長の糸井重里氏．ゲーム分野では『MOTHER』シリーズの開発者としても知られる．

[*2]　のちに，任天堂株式会社の社長を務められた岩田聡氏．

[*3]　当時，開発に参加していたハル研究所元社長の三津原敏氏にこのエピソードを伺ったところ，糸の挙動の実装者は把握できていなかったものの，たしかに岩田さんが糸のしなり具合を気にされていたこと，いつの間にか，とても動きが良くなっていたこと，そして，気になって実装を確認してみたところ，アセンブリ言語で書かれた難解なコードが並んでいた，とのことであった．なお，本作は 1997 年 2 月 21 日発売であり，新年すぐに納品であったと思われる．

る．そうした挙動を数値計算に落としこんでささっと作れるのは，数学の力だよね，という話を糸井さんとしていました．

三宅●ゲーム開発は，その場その場で求められることを何でもプログラミングしていく必要があるので，実装力が問われますね．その実装の構造を考え，ゲーム内の振る舞いを想像する力がまさに数学力ですね．

清木●私自身の話で言えば，新卒の時分にゲームプラットフォームのチームにいたので，いわゆる「SDK（Software Development Kit）」と呼ばれるゲーム開発者に使ってもらう開発キットを作っていたときの印象が強いですね．ゲームって最終的に見えているのはグラフィカルですが，そこに至るまでには，まずユーザーの入力を受け取り，それに応じてゲーム内の状態を更新して，最後にグラフィックスを描いて出力するようなシステムと言えます．

　例えば，マイクを使って音声入力をするときに，入力データは波形データで入ってきますが，それをどう信号処理すれば，ゲームの入力として使えるものになるのかを考えることがあります．そういったときに周波数解析をしたいとなったら，フーリエ変換ができないといけません．また，ゲームはランダムな数がほしくなることが多いのですが，どのようにしてランダムに見える数を生成するのか，みたいなところでも数式が出てきます．

　コンピュータで扱うのは全部数字なので，数字に変換してそれを正しく処理していくという思考が必要になります．

三宅●どうしても数字とのやり取りは出てきますよね．ゲームではほとんど「データ」と「アルゴリズム」と言い換えることもできますが，原理的には数学で動いているようなものですからね．この本の題名にもある「数学がゲームを動かす」というのは的を射たフレーズだと思います．

　ゲーム全体も，音声の入出力も，ゲームキャラクターの AI も，いろいろなところで数学が駆動原理になっているというのはあります．コンピュータは数学によって，一段と高い機能を持つように質的変化しますね．

清木●特に 3D のゲームになると，ゲーム内に仮想の 3D 空間があって，そこに存在する多数のキャラクターをゲームの法則に従って 1/60 秒ごとに動かしていくという，リアルタイム 3D シミュレーションですからね．

三宅●高校数学で学ぶような空間幾何の世界そのものですよね．

Prologue **数学がゲームを動かす！**（三宅・清木対談）

図 P.1 三宅陽一郎(左)，清木 昌(右)

清木●三角関数やベクトルを学んで社会で何に使うんだ，みたいな話がありますが，ここでいっぱい使います！ 最近は，流体の動きや，光の反射のシミュレーションまでもリアルタイムでやりだしたりしています．ゲーム関連技術は本当に大変だなと．

三宅●そう聞くと大変そうだなと思う一方で，今は誰でもゲームが作れる時代にもなっているんですよね．こんなに数学をいっぱい使っているのに，それでも誰でも作れるというのは，繰り返し使われる処理が全部ライブラリやシステムの中に準備されていて，プログラムを直接書かなくても使えるようになっているからだと思います．ある意味，プログラムや数学をあまり考えなくても，3Dゲームがある程度作れちゃうような環境が用意されているというのはすごいことですね．

清木●そうですよね．今はそのあたりが随分ブラックボックス化されてしまって，生々しい数学の部分が見えなくなってきている面はあります．

三宅●本当は数学がバリバリ動いていて，それを見るとすごくかっこいいはずなんですけど，全然見えなくなってきていて，しかもGPUなどのハード

ウェアで高速に実行するための専門的な知識とも結びついているので，余計にわかりにくくなってきていますよね．

清木●正直，現代のゲーム開発において，全部の分野について深く理解している人というのは，もう超人レベルじゃないと難しいと思います．ただ，ゲーム開発をしているときに「ここは妥協できないな」と感じることがあるわけですが，それをやり遂げられる実装力は持っておく必要がありますよね．それが数学の知識だったりするわけですよ．

三宅●全体像がわかっていることが大切で，そこから先の，実際に困ったときに打開するための道を切り開く力になるのが数学の知識だと思います．

清木●数学の知識がなくても使える便利なライブラリがあるのは事実で，それを使えば多くのことができるようになっています．でも，ゲームというのは既存のルールから逸脱するところにも面白さがあるので，ライブラリが提供している機能以上のことをしたいというニーズは必ず出てきます．そういうときに，数学の力をどう使って実現するのかが問われるわけですよね．

三宅●そう，ゲームの可能性というのは，ライブラリの中に閉じ込められているわけではないのです．数学的な理解があってこそ，いろいろな工夫ができる．でも，ゲーム開発における数学の全体像がわかっていないと，ライブラリのパラメータを変えることくらいしかできなくなってしまう．そうなると，ゲームの可能性も限られてしまいます．だから数学の理解は，ゲームデザインの幅を広げるためにも重要です．

清木●本当にそうですよね．特に最近はVR（Virtual Reality；仮想現実）やAR（Augmented Reality；拡張現実）などの新しい表現が出てきて，現実空間との接点を持って相互作用するようになってきているので，また新しい数学の知識が必要とされる場面が増えてきていると思います．

三宅●これからのゲームに必要とされる数学の幅は，どんどん広がっていくでしょう．だからこそ，ゲームにおける数学の可能性をしっかり伝えていきたいですよね．この本では，そのためにいろんな事例を集めました．

清木●本書を通して，ゲーム開発における数学の重要性を感じていただければ嬉しいですね．

三宅●はい，ぜひ多くの方に読んでいただきたいです．特に，これからゲー

ムがどういう可能性を持っているのかについて関心を持っている人には，数学の視点からゲームを見ることで，新しい発見があるのではないかなと思います．

清木●現在のゲームは，ある意味数学の積み重ねの上に成り立っているわけですから，数学的な視点を持つことで，ゲームをより深く理解できるようになるはずです．

三宅●ゲームの歴史を振り返ってみても，1970年代から今に至るまで，いろいろな数学が積み上げられてきました．確率論や線形代数，解析学など，本当にさまざまな数学がゲームを動かしてきました．

清木●まさに，ゲームは数学の塊みたいなものですよね．一方で，ゲームは新しいことをやって驚いてもらうことが価値のような側面もありますので，数学に解決してもらいたい新しい課題を常に抱えています．

三宅●ゲームは数学を応用する場であると同時に，新しい数学を生み出す原動力にもなっているんじゃないでしょうか．これからますますゲームと数学の関係は深くなっていくと思います．

清木●というところで，そろそろ各章の内容について触れていきましょうか．本書は2人で執筆しましたが，せっかくなので，互いの担当章で特に面白かった章について紹介するというのはどうでしょう．

三宅●そうですね．私がまず面白かったのは，Chapter 5「8-bitの動きの計算」ですね．コンピュータというのは最後にはビット列に落とし込まねばならず，そこが純粋な数学と違うところです．数学的原理がコンピュータの計算処理へと変換されていく様子を見るのは，なんだかとってもゾクゾクします．またゲームはいろいろな場面でバリエーションを作るために乱数を必要とします．Chapter 4「ゲームと乱数」では，限られた制約の中で，よい乱数を生成することを紹介しますが，これもまた数学的原理とコンピュータの計算処理の断面が見られて興味深いです．Chapter 8「対戦の面白さを支える数学」は数学の威力がもっとも直接的に現れるところで，オンライン上で対戦するユーザー同士を選択して結び付けているのは数学だ，というところが面白いです．

清木●私が面白いと思って書いたポイントが三宅さんにも伝わっていて嬉し

いです．私が面白かったのは，まず，Chapter 6「デジタルゲームの空間と時間」です．ゲームと数学の一番基本的な関わり方を丁寧に説明してあり，数学が今日のゲームの中でどのように地に足をつけているのかを理解できる章ですよね．ゲームには，線形代数や 3D グラフィックス，人工知能など，単独の専門書が出ている技術領域がありますが，それらの全体像が摑めます．また，後半の怒濤のゲーム AI の章（Chapter 10〜Chapter 14）も見所だと思っています．ここは三宅さんのご専門そのままでもあるのですが，ゲーム開発者以外に向けつつ，かといって一般向けでもなく，理系の素養を持っている方向けに書かれているというのが貴重ですね．

三宅●また，本書は単行本化するにあたって，ゲーム開発者のインタビューを追加収録しました．連載時にも掲載されていたゲームデザイナーの石川淳一さんのお話に加えて，セガに在籍されながら，ゲーム開発者向けの線形代数の教科書までも書いてしまった山中勇毅さん，1990 年代から「PlayStation」，「PlayStation 2」など制約のあるハードウェア上でユニークなゲーム AI を設計してきた森川幸人さんからもお話を伺うことができました．

清木●山中さんが書かれた『セガ的 基礎線形代数講座』（日本評論社）は，ゲーム開発の視点から線形代数を整理し直した名著ですね．インタビューで 3 名の開発者のそれぞれ違う立場から見た，ゲーム開発に必要な数学的なセンスのお話を伺うことができて，本書の内容がより立体的になったように思います．ゲーム開発における数学の関わりをさまざまな角度から俯瞰できる一冊になったのではないでしょうか．

三宅●読者の方々に，ゲーム開発の裏側にある数学の世界を感じていただけたら嬉しいです．そして，これからのゲームの可能性について，数学の視点から考えるきっかけになれば幸いです．

清木●ゲームが好きな方はもちろん，数学に興味がある方にも楽しんでいただける内容だと思います．ぜひ多くの方に手に取っていただきたいですね．

三宅●そうですね．この本を通して，ゲームと数学の深い関係を感じていただければと思います．

本書を楽しむガイド

おすすめの読み方

　本書は，『数学セミナー』2022年4月号〜2023年3月号までの連載「ゲームに宿る数学の力──デジタルゲームをめぐる数学」を改稿し，大幅に順番を入れ替え，新規原稿としていくつかのインタビューと対談を加えた上で，書籍化したものです．

　本書の各章は独立していますので，興味の惹かれる章があれば，その章から読むことができます．

　一方で，順番にお読みいただくと，ゲームの歴史を辿りながら，数学との関わりがイメージできるような構成になっています．ゲームにおいて数字を扱うとはどういうことか，といった本質的な関わり方の話からスタートして，後半は，ゲームAIとそれを支える数学の高度化の歴史もあり，歯ごたえのある内容も揃っています．

　著者の2人の対談は冒頭と末尾にあります．また途中には，特に数学を顕著に使用されている3人のゲーム開発者へのインタビューも収録されています．解説章とインタビュー章を交互に読まれると，理解も深まるかと思います．

　本書の執筆にあたり，青山学院大学理工学部の西山享教授に貴重なご助言をいただきました．心より感謝申し上げます．なお，本書に誤りがある場合は，すべて著者らの責任によるものです．

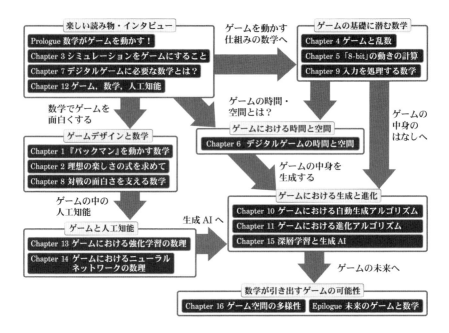

図 P.2　本書の構成

各章紹介

　Chapter 1 は「パックマンの人工知能」についてです．デジタルゲームの名作である『パックマン』が，いかに数学的な設計になっているかを解説しています．この仕事は世界的に高く評価されており，デジタルゲームの人工知能（AI）の出発点となりました．

　Chapter 2 は「理想の楽しさの式を求めて」ということで，デジタルゲームがなかったアナログゲームの時代から，ゲームにおいてどのように戦闘が数値化されてきたのかを追っています．19世紀のプロイセンの机上演習から，RPGに至るまでの旅です．

　Chapter 3 は，シミュレーションゲームの第一人者である有限会社エレメンツの石川淳一さんへのインタビューを収録しています．アナログからデジタルへの移行期に，どのような工夫があったのかが語られていて，とても興味深い内容です．

Chapter 4 は「ゲームと乱数」ということで，ゲームにおけるランダム性の重要性と，その実現方法についてです．1980 年代のアーケード筐体においてシンプルなハードウェア構成で疑似乱数を生成していた頃の話から，最新のゲームエンジンで採用されている乱数生成アルゴリズムまでを一望できます．

Chapter 5 は「「8-bit」の動きの計算」．ここでは，初期のゲーム機の制約の中で，いかに数学的なテクニックを駆使して，気持ちのよいキャラクターの動きを表現していたかを解説しています．簡単な掛け算ですら重い処理だった時代は，今となっては昔話ですが，こうした強い制約の中で磨かれた技術や考え方には，ある種の本質が切り取られているのではと感じています．

Chapter 6 は「デジタルゲームの空間と時間」です．ゲームならではの空間と時間の扱い方について，数学的な視点から考察しています．ユーザーにとってゲームとはまさに時間と空間を与えてくれるものですが，ゲーム内の AI にとっても同様です．AI が時間と空間をどう認識し，どう行動を創造していくか，について解説しています．

Chapter 7 は「デジタルゲームに必要な数学とは？」ということで，ゲーム開発の最前線で活躍されている株式会社セガ開発技術部の山中勇毅さんへのインタビューになります．長年，実務の現場を見てきた立場から，ゲーム開発における数学の重要性について語っていただきました．

Chapter 8 は「対戦の面白さを支える数学」，Chapter 9 は「入力を処理する数学」と，ゲームと数学という切り口の中では少し変わった分野を扱います．対戦の章では，フェアな対戦を支えている，プレイヤーの実力を数値化するアルゴリズムを紹介しています．理論的な背景も含めたレーティングアルゴリズムの解説は，日本語では珍しいかもしれません．入力処理の章では，ゲーム関連技術の幅の広さの例として，カルマンフィルタやパーティクルフィルタを題材に取り上げていますが，こちらは専門の良書がたくさんあるので，こうした世界もあるという入口としていただければ幸いです．

Chapter 10 以降は，ゲーム AI に関する，より今日的な数学の話題が並びます．将棋の世界から最新のゲーム AI まで，数学の力でゲームがどのように進化しているのかがわかる内容です．

Chapter 10 は「ゲームにおける自動生成アルゴリズム」．木の形から地形，

果ては星系まで，さまざまなアセットを生み出す数学的自動生成アルゴリズムについて扱います．Chapter 11 は「ゲームにおける進化アルゴリズム」です．生物の進化にヒントを得て，ゲームのさまざまなものが進化を重ねていく，遺伝的アルゴリズムについて解説します．キャラクターの動きから，ゲームのルールそのものまで，多様な応用例をご紹介します．

Chapter 12 には，AI 技術を活用したさまざまなゲームを開発されてきたモリカトロン株式会社の森川幸人さんへのインタビューもあります．企画書に数式が直接書かれている森川さんのゲームデザイン手法をぜひ参考にしてください．

Chapter 13 は「ゲームにおける強化学習の数理」，Chapter 14 は「ゲームにおけるニューラルネットワークの数理」と，ホットトピックである機械学習系の技術について，ゲームという応用においてどう活用されているかを分かりやすくご紹介します．特に囲碁のプロ棋士に勝利した『AlphaGo』(DeepMind 社，2015 年)でも使われている強化学習の手法(DQN)は応用の幅が広く，格闘ゲームへの応用などについて解説しています．

Chapter 15 は「深層学習と生成 AI」．これから世の中を変えていく技術として言及を避けることができない，ディープニューラルネットワーク(DNN)について，数値計算という切り口でご紹介しています．

Epilogue は「ゲームの未来と数学」ということで，これから数学がゲームにどのような影響を与えていくのかを予想しつつ，本書のまとめとしています．

目次

Prologue　数学がゲームを動かす！(三宅・清木対談)……ⅰ
本書を楽しむガイド……ⅸ

Chapter 1
『パックマン』を動かす数学……1

1.1　ゲーム AI の大きな仕組み……1
1.2　ゲームの面白さは緩急にあり……2
1.3　エージェントたちの個性……4
1.4　出現テーブルとゴーストのスピード……6
1.5　相対的スピード調整……7
1.6　まとめ……8

Chapter 2
理想の楽しさの式を求めて……10

2.1　ウォー・シミュレーションゲームでの損害計算……10
2.2　アナログゲームとしての RPG……17
2.3　デジタルゲームの RPG……22
2.4　おわりに……27

Chapter 3
シミュレーションをゲームにすること
／石川淳一氏インタビュー……28

3.1　『大戦略』の誕生とその特徴……29
3.2　シミュレーションゲームの変遷……32
3.3　パラメータを決める判断基準……33

Chapter **4**
ゲームと乱数……36

4.1 疑似乱数生成器……37
4.2 さまざまな乱数とその歴史……38
4.3 ゲームにおける「乱数らしさ」……48
4.4 おわりに……49

Chapter **5**
「8-bit」の動きの計算……50

5.1 「8-bit」の時代のジャンプ……50
5.2 ゲームの動きと数値解析……52
5.3 ブレゼンハムのアルゴリズム……56
5.4 まとめ……59

Chapter **6**
デジタルゲームの時間と空間……62

6.1 デジタルゲームの時間・空間……62
6.2 デジタルゲームの3つの階層……63
6.3 オブジェクトの物理的運動……64
6.4 描画のための3Dカメラ……68
6.5 人工知能のための基本システム……70
6.6 まとめ……73

Chapter **7**
デジタルゲームに必要な数学とは？
／株式会社セガ開発技術部・山中勇毅氏インタビュー……74

7.1 物理の研究者の卵からゲームの世界へ……74
7.2 社内勉強会がきっかけで生まれたテキスト……76
7.3 ゲーム業界が数学で悩まされた時期を見てきて思うこと……80

Chapter 8
対戦の面白さを支える数学 …… 86

8.1　レーティング …… 87

8.2　イロレーティング …… 88

8.3　改善されたレーティングシステム …… 94

8.4　おわりに …… 97

Chapter 9
入力を処理する数学 …… 99

9.1　現実を拡張するゲーム …… 99

9.2　AR を支える自己位置推定技術 …… 100

9.3　カルマンフィルターとパーティクルフィルター …… 102

9.4　まとめ …… 105

Chapter 10
ゲームにおける自動生成アルゴリズム …… 107

10.1　領域分割によるダンジョン自動生成 …… 108

10.2　L-system による自動生成 …… 108

10.3　影響マップによる都市自動生成 …… 111

10.4　ハイトマップ，ベクターフィールドによる地形生成 …… 112

10.5　ベクターフィールドによる群衆制御 …… 114

10.6　グラハム・スキャン・アルゴリズムによる城壁構築 …… 115

10.7　星系生成 …… 117

10.8　まとめ …… 118

Chapter 11
ゲームにおける進化アルゴリズム …… 120

11.1　遺伝的アルゴリズムの原理 …… 120

11.2　遺伝的アルゴリズムによるキャラクターの進化 …… 121

11.3 遺伝的アルゴリズムによるオンラインマッチング……124

11.4 遺伝的アルゴリズムによるバランス調整……126

11.5 遺伝的プログラミングによるゲーム自動生成……127

11.6 デジタルゲームと進化アルゴリズムの今後……132

Chapter 12
ゲーム，数学，人工知能
／森川幸人氏インタビュー……134

12.1 企画が通ってしまったのでAIを使ったゲームを作った……135

12.2 数式の書いてあるゲームの企画書はなかなか見かけない……138

12.3 数式とモノの動きを頭の中でどう結びつけるか……140

12.4 生物の世界から数学をもう一度学ぶ……143

Chapter 13
ゲームにおける強化学習の数理……146

13.1 強化学習入門……146

13.2 Q学習の数理……150

13.3 格闘ゲームにおけるテーブル型Q学習……152

13.4 ディープ・Q-ネットワーク……155

13.5 デジタルゲームへの実践的応用……157

13.6 まとめ……159

Chapter 14
ゲームにおけるニューラルネットワークの数理……161

14.1 ニューラルネットワークの数理……162

14.2 ニューラルネットの応用……166

14.3 ニューロエボリューション……169

14.4 ディープ・Q-ニューラルネットワーク……172

Chapter **15**

深層学習と生成 AI …… 176

    15.1 深層学習がもたらすおもてなし …… 176

    15.2 まとめ …… 182

Chapter **16**

ゲーム空間の多様性
／特殊相対性理論のゲーム空間 …… 184

    16.1 プレイヤーから見た世界 …… 184

    16.2 相対性理論(1)：世界線 …… 186

    16.3 相対性理論(2)：物体の運動 …… 188

    16.4 相対性理論(3)：ローレンツ収縮・時間の遅れ・ドップラー効果 …… 190

    16.5 まとめ …… 192

Epilogue   **未来のゲームと数学**（三宅・清木対談）…… 193

参考文献一覧 …… 200

索引 …… 208

著者プロフィール …… 212

Chapter 1

『パックマン』を動かす数学

　本章の主旨は，各章のゲームにおける数学の解説に入る前に，一つのゲーム全体が数学的にどのように成り立っているかを示すところにある．そこで，世界的にヒットした『パックマン』(株式会社バンダイナムコエンターテインメント，1980 年)を取り上げたい．

　世界的に，「デジタルゲームの人工知能の出発点は？」と聞かれれば，海外，国内を問わずほとんどすべてのゲーム AI 開発者は『パックマン』と答えるだろう．数学と言っても数式が出てくるような難しい数学ではなく，数表と言った方が良いかもしれない．しかし，その数値とゲームデザインと人工知能は深く結びつき，ゲームプレイに絶妙な効果をもたらす．この仕事は後のゲーム AI の大きな礎となった．また，新しいゲーム AI 技術が出てきても，やはり『パックマン』を見れば，そこに原型がある，ということを確認できる．

　時に 1979 年，『パックマン』のゲームデザインを担当されたのは，当時ナムコに在籍されていた岩谷徹先生(現・東京工芸大学名誉教授・理事)である．この章の内容は，岩谷徹先生が人工知能学会誌『人工知能』で公開された『パックマン』の仕様書に基づいて書かれている[1]．ただし，仕様書からは「モンスター」を「ゴースト」，「えさ」を「クッキー」と用語を置き換えている．

1.1
ゲーム AI の大きな仕組み

　まず本解説をゲーム AI の基本的な仕組みから始めたい．近年のゲームの人工知能は 3 つの要素からなる．「メタ AI」(Meta-AI)，「キャラクター AI」

(Character AI)，「空間 AI」(Spatial AI)である．「メタ AI」はゲーム全体を支配する AI で，ゲーム全体の動きを観察し，ユーザーの特性を理解し，ゲームが面白くなるように変化させる．たとえばあまり戦闘が得意でないユーザーであれば難易度を下げる，いつまでもダンジョンで迷っていたら誘導するように敵を背後から出したり，マップの形を変えたりする，などである．「キャラクター AI」はキャラクターの頭脳である．本書でも Chapter 15 に取り上げている．「空間 AI」は空間推論，つまり本書でも紹介するパス検索や位置検索といった空間に関わる思考を担当する．また，空間そのものを人工知能として機能させたものである．この 3 つの AI が連携するモデルが「MCS-AI 動的連携モデル」(Meta-Character-Spatial dyamic cooperative model)である [2, 3, 4]．今回の『パックマン』では，このメタ AI の源流とも言える「ゲーム全体をコントロールする AI」とキャラクター AI の源流と言える「個性を持ったキャラクターたちの連携」について解説する．

　『パックマン』の AI 技術は以下の 4 つである．順に説明していく．

- ゲームに緩急をつける技術（第 1.2 節）
- ゴーストの個性的な行動と間接的な協調（第 1.3 節）
- 動的なゴーストの出現タイミング（第 1.4 節）
- ゴーストのスピードコントロール（第 1.5 節）

1.2
ゲームの面白さは緩急にあり

　ゲームに限らず，エンターテインメントの面白さの一つは緩急である．緊張と緩和である．例えば映画において，ずっと緊張した戦闘シーンだけでも面白くないし，リラックスしたシーンだけでも面白くない．緊張したシーンとリラックスしたシーンを組み合わせることで面白さが出る．ゲームも同様であり，『パックマン』にはこの緩急を人工的に作り出す仕組みが導入されている．そして 2010 年以降のオープンワールド型の広大なゲームステージを舞台とするゲームでも，ますますこの技術は必要なものとなっている．その源流となるのが本技術である．

Chapter 1 『パックマン』を動かす数学

『パックマン』は，敵ゴーストに追われながらステージに置かれたクッキーを食べ尽くすことでクリアするゲームである．『パックマン』には2つのモードがある．ゴーストたちがパックマンを追い詰める「攻撃モード」，ゴーストたちが四隅で休息する「休息モード」である（図1.1）．この二つのモードが交互に来るように，ゲーム全体がコントロールされている．4体のゴーストはそれぞれ，「アカ」は右上，「ピンク」は左上，「シアン」は右下，「オレンジ」は左下と休息する場所も決まっている．「休息モード」でいったん距離を取り，「攻撃モード」でいっせいにパックマンを包囲攻撃する，という戦術である．一般的にこのようなゴーストが全体でタイミングを調整していっせいに攻撃を集中する方法は波状攻撃（wave attack）と呼ばれる．『StarCraft』（ブリザード・エンターテイメント，1998年）など多くのゲームで応用されている[5]．

プレイヤーは，ゴーストが「攻撃モード」のうちは逃げ続けるかスーパークッキーを食べて攻撃しなければならないが，「休息モード」のときはある程度好きなようにクッキーを食べ続けることができる．この「逃げなければいけない緊張感」と「好き勝手に自由に行動できる解放感」の絶妙なバランスが『パックマン』というゲームの面白さを生み出している．

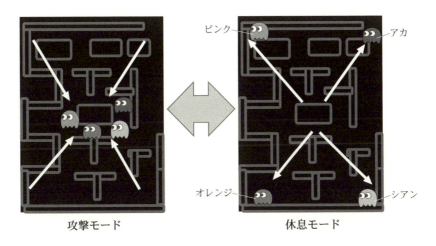

図1.1　ゴーストの2つのモード：攻撃と休息

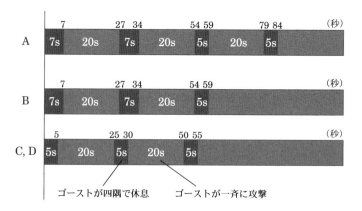

図 1.2 3つの波状攻撃タイミングテーブル（参考文献[1]に基づき筆者が作成した）

　また，その時間間隔は厳密にテーブルで管理されている（**図 1.2**）．テーブルには 3 つのパターンがある．まず A パターンはゲームのスタート時の比較的やさしめのステージのための設定で，7 秒は四隅にいて，20 秒波状攻撃，これを 2 回繰り返し，5 秒四隅で，20 秒波状攻撃，もう一度 5 秒四隅で休息した後，84 秒以降はすべて波状攻撃となっている．次にパターン B は 59 秒以降はすべて波状攻撃となっている．パターン C, D は 5 秒は四隅にいて，20 秒波状攻撃，これを 2 回繰り返して 5 秒四隅に行ったあとはずっと攻撃である．このように一つの仕組みを作って，攻撃と休息の仕組みを最大限生かす数値に調整することは，ゲーム製作の醍醐味とも言える．ゲーム開発が後半になると，ゲームデザイナーはさまざまな数値の調整に神経を集中するのである．

1.3 エージェントたちの個性

　『パックマン』には 4 体のゴーストがいて，パックマンを追いつめるのであるが，この 4 体のゴーストの行動にはそれぞれ個性がある（**表 1.1**）．攻撃モードでは，ゴーストの「アカ」は常にパックマンのいるマスを追う，「ピンク」は移動するパックマンの少し先を目指す，「シアン」はパックマンに対して現

表1.1 ゴーストの攻撃のバリエーション(参考文献[1]に基づき筆者が作成した)

ゴースト	状態	
	攻撃	休息
アカ	常にパックマンのいるマス(8×8ドット)を追う.	プレイフィールド上の右上付近を動き回る.
ピンク	パックマンの口先の3つ先のマスを目指す.	プレイフィールド上の左上付近を動き回る.
シアン	「アカ」のパックマンを中心とした点対称を目指す.	プレイフィールド上の右下付近を動き回る.
オレンジ	パックマンから半径約130ドットの外では「アカ」の性格を持ち,半径内ではパックマンと無関係にランダムに動く.	プレイフィールド上の左下付近を動き回る.

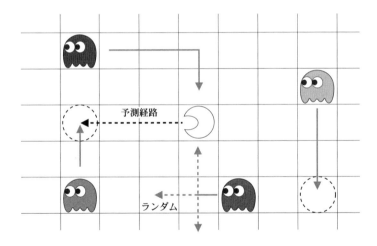

図1.3 4体のゴーストの間接的連携

時点の「アカ」と点対称な位置を目指す,「オレンジ」はパックマンに近づくが130ドットまで近づくとランダムに動く(**図1.3**). このような個性的な動きを行う理由は,まず各ゴーストの思考が同じになると経路や位置取りも重なってしまう,ということがある. 次に,ゴーストたちはパックマンを追い詰めながらも逃がさないといけない(そうでなければゲームにならない). そ

こで，4体で包囲しながらも逃げられる可能性を残すために，わざと隙のある包囲網を敷いているのである．ゴーストたちは直接コミュニケーションを取っているわけではないので，マルチエージェント・コミュニケーション[*1]ではないが，間接的に協調している．

1.4 出現テーブルとゴーストのスピード

4体のゴーストは中央の領域から出現するが，最初の方のステージでは最初から4体がフィールドに出現しているわけではない．パックマンの食べたクッキーの数で出現タイミングが決定される（図1.4）．たとえば最初の方のステージのAパターンでは，ゲーム開始時は2体，30個食べると1体が増え，90個食べて4体目が出現する．Bパターンでは最初は3体，50個食べると4体目が出現する．C,Dパターンでは最初から4体が登場する．

このようにユーザーの実績によってゲームが変化していく，ということは，「ユーザーの実績（プロファイル）を観察してゲームを変化させる」メタAI的な機能である．メタAIの基本はゲームとユーザー行動のログを取り，それ

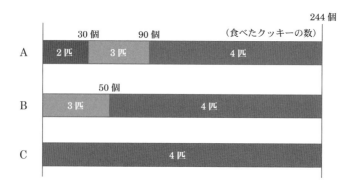

図1.4 ゴーストの出現タイミング（参考文献[1]に基づき筆者が作成した）

[*1] マルチエージェントシステムとは，エージェント（ゲームではキャラクターのこと）同士が相互にコミュニケーションしつつ協調するシステムのこと．

Chapter1 『パックマン』を動かす数学

を解析することで，ゲーム全体を変化させるところにある．

1.5
相対的スピード調整

『パックマン』のようなアクションゲームにおいて追う側のスピードと追われる側のスピードの関係は重要である．ただその相対的なスピードは一律ではなく，4つのパターンが用意されている（**表1.2**）．それぞれのパターン内でも，パックマンには，通常のパックマンのスピード，クッキーを食べているときのスピード（表中の小丸），パワークッキーを食べているときのスピード（表中の大丸），の3段階のスピードが設定されている．また，パワークッキーを食べたあとの3段階のスピードも設定されている（表中の灰色のパックマン）．さらにゴースト側も，通常のスピード，イジケ状態（パックマンがパワークッキーを食べたとき）のスピード，ワープ時のスピードなど，複数のスピードが準備されている．なお図の中でゴースト側で①，②とあるのは，残りクッキーが少なくなると，ゴーストの速度が速くなる「スパート」状態があり，その段階が2段階あるからである．パターンAからB，C，Dとパッ

表1.2　スピードパターン（参考文献［1］に基づき筆者が作成した）

スピード	スピードパターン			
	A	B	C	D
22				
21			②	②
20			①	①
19		②		
18				
17	②	①		
16	①			
15				
14				
13				
12			イジケ	
11		イジケ		
10	イジケ		ワープ	ワープ
9		ワープ		イジケ
8	ワープ			
7				

クマンのスピードが上がるに従い，ゴースト側のスピードも上がっている．

1.6
まとめ

　ここまで『パックマン』の AI 技術について 4 つの点を紹介した．このように，単一のアルゴリズムでなにもかもが解決する，ということはない．ゲーム開発の舞台裏では，さまざまな工夫が多重に積み重ねられ，その全体が有機的に組み上がることで，ゲームとして完成する．『パックマン』はそのように，いくつかの機能を組み合わせることで，高品質のゲーム体験を組み上げることに成功し，後のデジタルゲームとゲーム AI の方向を決定づけた．まさに人工知能の組み方の教科書である．仕掛けを作り，それを数値で調整する．仕掛けとその数値のマジックによって，ゲームは質を上げていくのである．それぞれの仕掛けが数学的というよりも，『パックマン』というゲーム全体の挙動はとても数学的である．無数のパラメータの絡み合いの中で，上記 4 つの仕組が機能することで，一つの大きな秩序が実現されている．それはゲームそのものである．

　『パックマン』は世界的にヒットしたゲームであり，さまざまなゲーム機に移植されている．またそのヒットによって「最も成功した業務用ゲーム機」としてギネスブックにも登録されている．そこには実にきめこまかい仕掛けと，その数値の調整があることを本章ではお伝えした．

　ゲームの中心には，そのゲームを定義づけるゲームデザインのコアがあり，それは多くの場合，AI 技術と結び付いている．そしてゲームの発展は，そのコアの AI 技術による発展に大きくかかっている．ゲームとしてもゲーム AI としても世界的なムーブメントのコアとなった『パックマン』には，やはり，世界中でプレイされるだけの高いレベルの人工知能の仕組みが，ここで説明したように実現されていた．

　ゲームは広い意味で，仕掛けとそれを調整する数値によって構造化される．それは数学的仕組みと言っていいだろう．本書はこれから各章でゲームにおける数学的仕組みを紹介する．その数学はゲームという大きな仕組みの中で機能し，ユーザーに動的な体験を創造していく源流となる．いわば抽象的な

数学がゲームの中で具象化することで，ゲームは数学的構造を持つことにな
るのである．

Chapter 2

理想の楽しさの式を求めて

前章で見たとおり，ゲームの楽しさは，最終的にはそれを実現するアルゴリズムとして具体化される．特に，デジタルゲームにおいては，ゲームデザイナーの思い描く楽しさを，コンピュータが計算可能なルールに落とし込むことが必須となる．その最たるものが，プレイヤーに数値が示され，それが上下することが遊びとなるようなゲームである．その数値を変動させる計算式は，ゲーム制作者が自ら生みだす必要がある．

ロールプレイングゲーム（RPG）をプレイしていれば，敵を攻撃したときにダメージの数値が出るのを見ることがあるだろう．あの数値は，どのような計算式で算出されたもので，それはどのように工夫が積み重ねられてきたものなのだろうか．

そのルーツをまずは，19世紀から続く，戦争を扱ったゲームにおける計算ロジックから紐解いていこう．

2.1
ウォー・シミュレーションゲームでの損害計算

デジタルゲームに踏み込む前に，その前身となるコンピュータを使わないアナログゲームから始めよう．

ボードと駒を使ったアナログゲームは，遡れば，古代エジプトの墓所から出土した「セネト」に代表される双六のようなゲームが，紀元前から存在している．それらはやがて盤面上で自由に駒を動かせるチェスのようなゲームへと発展していく．これらのゲームのルールは，特定の条件で駒が盤上から排除されるというシンプルなものであった．

プレイ中に数字を細かく管理するゲームが生まれる契機となったのは，19

世紀のプロイセンであった．欧州内で覇権を競っていたプロイセンにおいて，陸軍の教練のために，ナポレオン戦争によって得られた知見を盛り込んだ「クリークスシュピール（Kriegsspiel）」と呼ばれるボードゲームのような机上演習が考案された．

2.1.1 クリークスシュピール

「クリークスシュピール」は歩兵や騎兵がぶつかり合う戦場を扱う．プレイヤーはその戦場において，対立するそれぞれの軍を指揮する．マス目のない，現実に即した8000分の1の地形図を用いることが特徴で，実際の占有面積を反映したサイズの部隊の駒を動かしながら戦った．

「クリークスシュピール」のルールをもう少し細かく見ていくと，現代のさまざまなゲームのもととなるようなアイデアがいたるところに含まれていることに気づく．次節以降で紹介するウォーゲームの元祖として紹介されることも多いが，ゲーム中の1行動が2分間という短いタイムスパンであることや，偵察隊が敵を見つけないと自分の盤上に敵兵が表示されない点[*1]は，リアルタイムストラテジーゲーム（RTS）と呼ばれるゲームとの近しさも感じる．そうした点では，戦場をシミュレーションするすべての対戦ゲームの元祖と呼ぶこともできるかもしれない．

「クリークスシュピール」がチェスなどの従来型のゲームと大きく異なっていたのは，駒と駒がぶつかったときに，単純に負けた駒が取り除かれるのではなく，ダイスを振って，出た面に書かれた指示に従って，各駒の損害ポイントを足していくというアイデアを導入した点にある．複数種類あったダイスは，戦闘時の損失を決めるためのもので，条件に応じて使用するダイスを選択する．そして，各駒の累計の損害ポイントは，損失表（Verlust Tabelle）と呼ばれる表にピンを挿して管理されていた．

ダイスは5種類であったが，各面には細かく情報が書かれており，状況に応じて違う場所の値を参照したため，本質的には40種類以上のダイスがあ

[*1] プレイヤー2名と審判用の計3枚のマップを使って管理し，偵察隊から情報が届く時間も加味した上で審判がプレイヤーのマップに敵部隊を配置した．

ったと考えることもできる．処理が大きく異なるのは，射撃戦と近接戦である．射撃戦は，射撃する兵種と相手との距離，射撃条件などで与えられるダメージが変化した．射撃戦では同じ装備の部隊は同条件では同じダイスを振る．一方で近接戦は，双方の戦力を評価し，その戦力比に応じて，等倍，1.5倍，2倍，3倍，4倍の場合で異なるダイスを使用する．振った結果次第では，戦力が優位だった部隊でも負けることがある．負けた際の結果は，後退，敗北，完全な敗北の3種類があった*2．

　戦闘での判定にダイスを使用していることについて，1824年に書かれたルール解説書には以下のような文章がある[6]．「砲撃の効果を観察したことがあれば分かるとおり，同じ状況でも時によって砲撃の結果は大きく異なる」「（攻撃の効果にランダム性を入れなかった場合）結果を事前に予測できるようになり，例えば予備隊を編成しておく論拠が失われてしまう．これは多くの（実際の戦場と乖離した）間違いを引き起こし，このゲームは戦闘の研究ではなく，計算の練習になってしまう」．

　実際の戦争を経験してきた将校が，現実の戦闘をシミュレーションするために，ダイスを導入したというのは興味深い．なお，詳細には述べないが，「クリークスシュピール」では，考慮すべき条件や戦力比の算出において細かいルールが存在し，場合によってはルールで個別に書き切れない状況を判断する必要が生じる．それらを実際の戦場に詳しい審判が総合的な判断で処理することで，ゲームとして成立させていた．これも，現実の戦場をできるだけ再現しようとする強い動機によるものと考えられる．

　「クリークスシュピール」での訓練が普仏戦争でのプロイセンの勝利をもたらした，と書かれている資料もあるが，実際の因果関係は不明である．プロイセン軍の中でも，「クリークスシュピール」を絶賛する勢力もあれば，遊びにすぎないと冷ややかに見る勢力もあったようだ．しかし，プロイセン以降，さまざまな国の軍隊で，似たような机上演習が導入されてきたことは事実のようである．

---

*2　「後退」では損害は軽微で陣形を乱さずに位置だけ下がるが，「敗北」や「完全な敗北」においては，損害に加えて陣形も乱れる．

2.1.2 Tactics

こうして，戦場をシミュレーションするゲームが各国の軍事教練として浸透していくが，20世紀の中頃になって，それが趣味として一般でも遊ばれるようになる．ウォーゲーム（ウォー・シミュレーションゲーム）の始まりである．戦争をシミュレーションし，多くの場合，史実上のさまざまな戦場を再現した設定で両軍の指揮官となって対決するというウォーゲームは，最初は小さな趣味の遊びとして始まったが，やがて販売の規模を大きくしていく．その中で，商業的な最初の作品と言われるのは，チャールズ・ロバーツが開発した「Tactics」（1954年）である．俗に作戦級と呼ばれる，師団単位の動きを扱い，1ターンが1か月程度を想定したシミュレーションゲームであった．

「Tactics」には，以降のウォーゲームで一般的に採用されているいくつもの要素が見られるが，その中で特徴的なものが，戦闘結果表（Combat Results Table；CRT）である．戦闘結果表は，横に戦力比，縦にダイス目を並べて，戦闘の結果を表にしたものである．攻撃側と防御側の戦力比をもとに使う列を選び，ダイスを振った目で結果を得る．

これは，「クリークスシュピール」においては，戦力比に応じてダイスを取り替えることで多様な判定をしていたのを，参照表を間に挟むことでダイス1個で実現したものと見ることもできる．また，戦力比の算出も，状況に応じた複雑なルールではなく，戦闘に参加する各駒に割り当てられた戦力値を合計するだけというシンプルなルールであった．

また，戦闘結果表の内容も，単純にどちらかの駒が撃破されるか，相互に損害を被るか，どちらかが後退するかという内容であった．例えば，戦力が等しいときは，ダイス目が1のときは防御側が撃破され，2は相互損害，3は防御側が2マス後退し，4は攻撃側が2マス後退，5と6は攻撃側が撃破される[*3]．駒ごとの耐久度のような概念は基本的にはなく，駒が盤面から除去されるのみであり，四角いマス目の盤面も相まって，チェス的なシンプルさに戻ってしまっているという見方もできる．

[*3] 戦力が拮抗している場合は，防御側が有利である．

しかし，単純化は悪いことではない．こうしたルール面での分かりやすさと，マップや駒もすべてパッケージに入っているという遊びやすさから，「Tactics」は売上を伸ばし，この手応えをもとに，後にウォーゲームの時代を築くメーカーである Avalon Hill（アバロンヒル）社は生まれたのである．

2.1.3 PanzerBlitz

Avalon Hill 社はその後，ウォーゲームのヒット作をいくつも生み出していくことになる．そんな中でも，第二次世界大戦の東部戦線を扱った「PanzerBlitz」(1970 年)は，戦術級と呼ばれる規模の戦闘を扱った初の商用ボードゲームとして知られている．戦術級の名の通り，各駒は小隊ないし中隊の規模感で，1 ターンは現実での 6 分間の動きを表す．「クリークスシュピール」の扱っていた編成・時間感覚に戻ってきたと言ってもよい．

Avalon Hill 社のウォーゲームはルールがシンプルという評判があるが，それでも初期作品の「Tactics」に比べると，本作はいくぶん複雑である．各駒には，兵種，攻撃力，防御力，射程，移動力などが設定されており，兵装によってパラメータの異なる駒が両軍合わせて 67 種も設定されていた．兵種間には相性があり，戦車の砲弾は戦車には有効だが，歩兵には十全に力を発揮できない，逆に，歩兵は戦車に対しての銃撃が完全に無効，などの相性が表で決められている．

本作の特徴的なルールとして，移動と攻撃が同時に行えないというものがある．移動を選ぶとそのターンは攻撃ができない，という葛藤をゲームデザインに取り入れる手法は，現在のターン制のデジタルゲームで一般的に見られるが，1970 年のウォーゲームにはすでに採用されていたことになる．

戦闘結果表は「PanzerBlitz」でも健在だ．本作では，兵種の相性や距離によって補正された攻撃力の合計と，防御側の防御力の合計を見比べることで，戦力比を算出する．結果には，駒の撃破以外に，部隊が分散させられた（追い散らされた）という状態も用意されている．部隊が分散状態になると，次のターンで行動不能となる．参考までに，本作で戦力比が等しい場合の戦闘結

図 2.1 （上）ウォーゲームの例／『ドイツ戦車軍団』*4,
（下）『ドイツ戦車軍団』の戦闘結果表*5

果表は，ダイスの出目が 1 で特別な分散*6，2 と 3 で分散，4 から 6 は何も起こらないというものであった*7．

なお，「Tactics」に引き続き，「PanzerBlitz」でも，各駒に耐久度を数値管理するような仕組みはない．一部のウォーゲームでは，駒を裏返すなどして数段階のダメージ状態（ステップ）を管理するケースはあったし，戦艦を扱うウォーゲームなどでさらに細かくダメージ管理を行う作品もあったが，プレイ中の手順が煩雑になってしまうという問題をはらんでいた．

「PanzerBlitz」以降，師団規模を扱った作戦級から，小隊〜中隊規模の駒を扱った戦術級まで，さまざまなウォーゲームが生み出されていくが，同時に，

---

*4 Copyright © 1982 REC CO. 2002, 2013, 2014 KOKUSAI-TSUSHIN CO., LTD.
*5 結果の AE は攻撃側壊滅，AR は攻撃側後退，DR は守備側後退，DE は守備側壊滅を示す．
*6 「特別な分散」は，すでに分散状態だった場合は撃破されるというものである．
*7 本作でも攻撃側と防御側の戦力が等しい場合は，防御側が有利に設計されていることが分かる．これは，実際の戦闘においても，攻撃側は防御側の 3 倍の戦力をもって当たらねばならないとされていることを反映している．

ジャンルが成熟していくに従って陥りがちな，複雑化の道を進んでいく．数千もの駒を扱い，何日もかけてプレイするような作品も生まれていった．そんな中で，デジタルゲームの台頭を迎えるのである．

2.1.4 戦闘をモデル化するそれぞれの手法

ゲームの制作時において，ゲームデザイナーは何らかの意図をもって，ゲーム内のロジックを決めている．戦闘を扱ったゲームにおいて，デザイン意図が最も表れるのは，勝敗を決める損害の決定ロジックである．

「クリークスシュピール」においては，ゲームの目的はプレイの面白さではなく，実際の戦闘のエッセンスを正確に再現することであった．その結果として，ダイスという道具を使って確率を導入し，戦闘の結果として生じる損害を確率変数として扱った．戦場のシミュレーションとしての精度をあげるために，損害の確率変数も数十種類を使い分けている．

時代が下って，ホビーとしてのボードウォーゲームの時代が来ると，同じ戦場のシミュレーションであっても，遊びやすさを担保した上でのリアリティという優先度になっていく．そのため，損害量を数値で管理することは辞めて，駒が撃破されるかされないか，という単純化が行われた．しかし，ここでもダイスを1個振って，戦闘結果表に従って結果が決まるという要素は残された．戦場内に渦巻くさまざまな要素のシミュレーションをゲームデザイナーが飲み込んで，ひとつの表を作って1/6ごとの確率で発生させることにより，大胆に省略したものが，戦闘結果表である．

そして，その影響下で生まれたデジタルのシミュレーションゲームは，コンピュータによりいくらでも複雑な計算ができる中で，「シミュレーションゲームで提供したい価値とは何か」という原点の問いに立ち返ることになる．現実を忠実にシミュレーションすることがユーザー価値に繋がるという考え方と，価値の本質はプレイヤーが状況をコントロール可能であることだという考え方の間で，それぞれのゲーム制作者がどのように現実をモデル化してゲームという体験に落とし込むのかを試行錯誤してきた．

Chapter 3 では，デジタルのシミュレーションゲームのデザイナーへのインタビューを掲載しているので，詳しくはそちらも参照されたい．

Chapter2 理想の楽しさの式を求めて 17

40年経って振り返ると，戦闘というモチーフを「雰囲気」として活かしつつも，知的ゲームの楽しさを重視したゲームが広く受け入れられてきたようである．

2.2
アナログゲームとしてのRPG

ウォーゲーム直系の系譜として，デジタルゲームのシミュレーションゲームがあるが，実はロールプレイングゲーム（RPG）もまた，ウォーゲームの流れを継ぐ存在である．1970年代のアメリカでは，ウォーゲームの愛好家が各地にいた．彼らに向けたさまざまなウォーゲームが作られていく中で，現実世界の戦闘ではなく，ファンタジー世界での戦闘をゲームにできないかという発想がRPGの源流となる．

そうした状況下で，1974年にゲイリー・ガイギャックスとデイヴ・アンソーンによって生み出されたのが，現在でも遊び続けられる「ダンジョンズ＆ドラゴンズ（D&D）」である．ガイギャックスはその直前に中世を舞台にしたミニチュア・ウォーゲーム「チェインメイル」（1971年）を製作しており，そこにアンソーンのもたらした口頭で物語を紡いでいくロールプレイという要素が加わることによって，このRPGの代名詞と呼べる作品が誕生することとなった．この後，「D&D」は世界的に大流行することとなる．

なお，この文脈におけるRPGは，コンピュータ上で動くデジタルゲームのことではなく，ゲームマスターと呼ばれる進行役と，複数人のプレイヤーとが，口頭で状況や行動を伝え合いながら，物語を進行していくスタイルのアナログゲームである．日本では，デジタルゲームのRPGと区別して，テーブルトーク・ロールプレイングゲーム（TRPG）と呼ばれることも多い．

2.2.1 TRPGにおける戦闘

その出自からわかるとおり，「D&D」における戦闘は，ウォーゲームの流

れを継いでいる*8. 実のところ，1974年のオリジナル版では，中世ウォーゲームである「チェインメイル」の戦闘のルールをそのまま使えるようにもなっていた.

オリジナル版「D&D」では，プレイヤーが演じるキャラクターは，戦士・魔法使い・僧侶・エルフ・ドワーフ・ホビット*9から選ぶが，階層が違う分類であるはずの種族と職業が同列で並んでいるのは，ウォーゲームにおける各コマのユニット種別という発想がそのまま続いていたためであろう. ウォーゲームのルール設計の流れから，ユニット種別ごとに戦闘結果を示す表を作る発想であったため，ユニット種別は最低限に絞る必要があった. ドワーフの僧侶，といった細かい個性が反映できるキャラクターメイキングができるようになるのは，もう少し先の話である.

なお，集団同士の戦闘を扱うことの多かった一般的なウォーゲームに比べて，RPGでは個人間の戦闘を扱うという違いがある. また，ウォーゲームでは，各ユニットが撃破されればゲームからコマを取り除くだけであるが，RPGにおいては，各ユニットは一人ひとりが担当している大事なプレイヤーキャラクターであり，簡単にゲームから取り除くわけにはいかない. そこで，ヒットポイント（HP）という仕組みが導入された. 攻撃が当たると直ちに撃破されるのではなく，攻撃の強さに応じてHPが減っていき，0になったところではじめて撃破されるというルールである.

攻撃は，次の手順で処理される. まず，攻撃側のユニット種別およびレベルによって行を，防御側の装備品のクラスによって列を選んで，戦闘表の該当欄を参照し，そこに書かれた値を攻撃の目標値とする. 次に，20面体ダイスを振って，出た目が目標値以上であれば攻撃成功である. 攻撃が当たったら，6面体ダイス，言い換えれば普通のサイコロを振って，出た目だけHPが減少する.

---

*8 例えば，「D&D」におけるファイアーボールという魔法の爆発範囲が，ウォーゲームにおける大砲と似ているのは，同じようなプレイヤーが同じような環境で遊んでいたからである[7].
*9 のちに，ホビットはハーフリングに種族名が変更された. ホビットという名称の権利を主張する組織があったためと言われている.

Chapter2 理想の楽しさの式を求めて 19

　余談であるが，成功判定に20面体ダイスを使用することも，「D&D」の大きな特徴の一つである[10]．当時は，ホビー用途の20面体ダイスは数多く市販されておらず，教材用に作られた各種の多面体が揃ったダイスセットを手配することしかできなかったため，それらの多面体ダイスすべてを改訂版の「D&D」のパッケージに同梱することにしたという逸話が残されている．こうした事情もあってか，オリジナル版では6面体ダイスだけしか使わなかったダメージ値も，ルールの改定により武器種によって4面体ダイスや8面体ダイスなども使用するようになった．その後，「D&D」シリーズは世界で数千万人が遊んだゲームへと発展した．現在，多様な多面体のダイスがホビーショップで安く手に入るのは，「D&D」のおかげとも言えよう．

2.2.2 TRPG における戦闘のダイナミズム

　TRPG における戦闘がどのように進行していくのかをもう少し見ていこう．オリジナル版の「D&D」において，何回攻撃されると HP が0以下になるかをシミュレーションした結果を**図2.2**と**図2.3**(次ページ)に示す．

　図2.2は，皮鎧を着た一般人が一般人に攻撃された際の被攻撃ターン数，すわなち攻撃を試みられた回数と HP の推移である．10回の試行を重ねて描画している．初期の HP はルール上の平均的な値である4とした．この条件では，20面体ダイスで12以上を出せば攻撃が当たり，6面体ダイスの出目だけ HP が減る．

　図2.3は，チェインメイルと盾を装備したレベル8の戦士同士が戦ったときの HP の推移である．こちらも試行回数は10回，初期の HP はルール上の平均値である30で，攻撃が命中するための20面体ダイスの目標値は10，ダメージは6面体ダイスの出目である．なお，レベル8の戦士は，Superhero(超英雄)という呼称をつけられており，ゲーム内では高位の存在となる．

　図2.2と**図2.3**を並べたのは，ゲーム中の初期段階と，ある程度ゲームが

---

[10] ほかの TRPG では，入手性の良い6面体ダイスしか使わないものや，成功確率がわかりやすいように10面体ダイスを2個振って00〜99の数字を作って判定するものなどがある．なお，正10面体は存在しないが，すべての面が等確率で出る10面体ダイスは作成可能であり，TRPG の分野ではメジャーである．

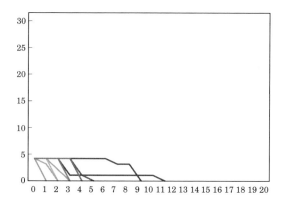

図 2.2 TRPG での戦闘における HP の推移（低レベル）

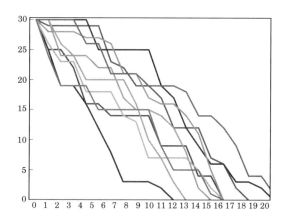

図 2.3 TRPG での戦闘における HP の推移（高レベル）

進行した後で，戦闘のダイナミズムがどのように異なるかを比較するためである．

両者に共通して気づくことは，水平な遷移が多く，減るときはガツンと減るという点である．これは，ウォーゲームにおいては，ダイス1回の出目で撃破されるかされないかが決まるという構造だったのに対して，後から HP 制を追加したという経緯が大きい．現実の戦闘を考えた場合でも，剣でも矢でも攻撃が素肌に当たれば大きな怪我をしてしまうものであり，まずは当た

らないように振る舞う必要があるということを，忠実にシミュレーションしようとした結果とも言える．そのため，まずは回避できたかを判定し，当たった場合はガツンとダメージを受けるという構造になっている．

その結果，**図2.2**においては，試行の10回中4回は，2ターン以内でHPが0になってしまった．数値計算で確率を求めても，2ターン以内にHPが4から0以下になる確率は43%である．2回殴られただけでこんなに高確率で死んでしまうようでは，戦闘を行うリスクが高すぎて，冒険に出て生き残れるかは運次第となってしまう．

一方で，**図2.3**の超英雄同士の戦いにおいては，反面，戦闘に大きな時間がかかるようになってしまった．確率を細かく計算してみると，30のHPを0まで削り切る確率が50%を超えるのは，16ターン目である．これだけ時間がかかるようになったのは，レベルアップによるHPの上昇に比して，攻撃が当たった後に武器が与えるダメージ量が変わらない[11]ということにも起因している．

1974年のオリジナル版「D&D」以降，さまざまなルールの試行錯誤が行われ，改善した部分もあるが，「D&D」を祖とする多くのTRPGにおいて，運によって左右される度合いが大きいこと，そして，扱うダメージ値のレンジに大きな幅がないことは，共通する特徴と言ってよいであろう．

これは，TRPGが人力で行うゲームであるということにも起因している．TRPGでは戦闘の処理の負荷が高いため，それほど多くは戦闘の回数をこなせない．そのため，1回の戦闘のランダム性の高さが生み出す展開の多様性が好まれた．また，ダイスを振って出た目の数をもとにダメージ値を算出するという都合から，ダイスを増やせば増やすほど足し算が大変になってプレイが煩雑になるため，値のレンジを大きく変えるのが難しかったということもある[12]．

---

[11] レベルアップによって攻撃が当たりやすくなるため，攻撃側の1ターンのダメージ量の期待値は増えているが，その増分はレベルアップによる防御側のHPの増分に及ばない．

[12] 足し算の大変さを受け入れて，ダイスをたくさん振ることを特徴としたTRPGのルールもあるが，それでも通常の戦闘で同時に振るダイスは高々十数個程度である．

2.3
デジタルゲームのRPG

1970年代から1980年代にかけて，英語圏を中心に爆発的な「D&D」ブームが起こる中で，同時に，デジタルゲームもその黎明期を迎える．この時期にゲームを作る環境と時間を併せ持っていた理系の大学生たちは，また「D&D」に熱中している層でもあった．当然の帰結として，「D&D」的な遊びをコンピュータ上で再現しようという試みが行われていったのは自然なことであろう[7]．

そして，『スペースインベーダー』(タイトー，1978年)や『パックマン』(ナムコ，1980年)が日米で大ブームを引き起こしている時勢の中で，1981年に2つの重要なゲームシリーズが産声を上げる．『Ultima』シリーズ(オリジン)と『Wizardry』シリーズ(サーテック)である．「Apple II」用ゲームソフトとして発売されたこの2つのゲームは，やがて日本へと紹介され，そして，この2作にインスピレーションを受けた制作陣により，日本のRPGの祖の『ドラゴンクエスト』(エニックス，1986年)が生まれていく[8]．

『ドラゴンクエスト』シリーズが日本のRPGに与えた影響は語るまでもないだろう．このように流れを丁寧に追っていくと，アナログゲームのウォーゲームからデジタルゲームのRPGへの影響の連環がはっきりと見えてくる．

しかし，一方で，デジタルゲームになることで大きな変化ももたらされた．ダイスからの脱却である．デジタルゲームになって，コンピュータが計算してくれるようになったため，プレイヤーに遠慮することなく，どのような複雑な計算式でも実装できるようになった．しかし，これは同時に，新しく最適な計算式を探し出さなくてはならなくなったということでもあったのだ．

2.3.1 最も単純な計算式

ダイスの制約から解き放たれたデジタルゲームは，さまざまなダメージ計算式を模索していった．その中で最もシンプルな計算式は以下のものであった．

$$\mathrm{Dmg} = \mathrm{Atk} - \mathrm{Dfn}$$

ここで，Atk は攻撃側の攻撃力[13]，Dfn は防御側の防御力[14]，Dmg はダメージ値とする．なお，実際のゲームではダメージ計算式に乱数値が含まれているケースも多いが，デジタルゲームにおいてはダメージ値の乱数要素は味付け程度に用いられるケースが多いため，今回の議論においては省略する[15]．

攻撃力から防御力を引いた値をダメージとする，というこのアイデアは，とてもシンプルでわかりやすい．実際に，『スーパーマリオRPG』(任天堂，1996年)をはじめとして，この計算式でゲームとしてバランスが取れているタイトルも数多く存在する．一般的には，攻撃力や防御力が成長に伴って大きく変動しないタイプのゲームであれば，この計算式でも問題ないことが多い．

しかし，RPG の喜びの一つはレベルアップであると考えた場合，レベルアップの回数はできるだけ多い方が良いし，その際に攻撃力や防御力も大きく上がっていったほうが気持ちよい．また，次の街にたどり着いたら，そこで手に入る武器や防具の性能は，前の街で売っていたものよりも，明らかに良くなっていたほうが嬉しいはずである．そのように，攻撃力や防御力がゲームの進行に合わせてインフレーションしていく場合，この計算式ではバランスを調整するのが難しい．

ある街周辺での敵の攻撃力を Atk，その街に辿り着いた際の主人公の防御力を Dfn とし，その街周辺において何回攻撃されると倒れるかを示す N を計算してみよう．HP は主人公の無傷のときのヒットポイントを表す．今回は単純のために省略しているが，実際のゲームにおけるダメージ計算では乱数が含まれるため，N は期待値となる．

---

[13] キャラクターの力パラメータと武器の威力の合計値．

[14] キャラクターの身の守りパラメータと防具の性能の合計値．

[15] デジタルゲームでは，乱数の比率を高めてしまうと，プレイごとの結果が変わりすぎてしまい，事前にバランスを取りづらくなるのが，乱数が味付け程度の立ち位置となっている理由ではないかと推察している．進行役とプレイヤーとが同じ場にいて，偏った出目が出ても臨機応変に対応できる TRPG との大きな違いである．

$$N = \frac{\text{HP}}{\text{Dmg}} = \frac{\text{HP}}{\text{Atk} - \text{Dfn}}$$

新しい街に行くたびに敵が強くなるとして，前の街での状況を以下のように置く．

$$N' = \frac{\text{HP}'}{\text{Dmg}'} = \frac{\text{HP}'}{\text{Atk}' - \text{Dfn}'}$$

ここで，うっかりしていて，キャラクターを育てずに今の街に来てしまったとすると，$\text{HP} = \text{HP}'$ と，$\text{Dfn} = \text{Dfn}'$ が成立し，次式が成り立つ．

$$\frac{N}{N'} = \frac{\text{Dmg}'}{\text{Dmg}} = \frac{\text{Atk}' - \text{Dfn}'}{\text{Atk} - \text{Dfn}'} \tag{2.1}$$

N/N' は，前の街から今の街に来たことによる，敵の攻撃に耐えられる回数の変化を，倍率で表した値である．例えば，0.5だと，前の街に居た頃の半分の攻撃回数にしか耐えられないことになるので，急激に難易度が上がったことになる．

ここで，ゲームデザイナーの立場からすると，ある街周辺の敵の攻撃力 Atk とその街での主人公の適正な防御力 Dfn は近い値にできた方が，パラメータ設定の管理がしやすい．また，前述のパラメータをインフレさせていきたいという観点から言えば，$\text{Atk} - \text{Atk}'$ はある程度大きな値にしたくなる．しかし，それを両立させてしまうと，(2.1)式が小さな値となってしまい，育成せずに次の街に進むとたちまち難易度が跳ね上がるというゲームバランスになってしまう．

実際に，パラメータ調整のノウハウが十分に浸透していない時分には，こうした問題を抱えたまま発売されたゲームも数多くあった．そこに登場したのが，次に紹介する計算式だ．

2.3.2 最も有名な計算式

管理しやすいように Atk と Dfn を近い値にした上で，Atk と Dfn をインフレーションさせていったとしても，N を一定にするようなダメージ計算式が欲しい．そのような要望に応えたのが，次のダメージ計算式である．

$$\mathrm{Dmg} = \frac{\mathrm{Atk}}{2} - \frac{\mathrm{Dfn}}{4}$$

『ドラゴンクエスト』シリーズの主要なタイトルでも採用されてきたとされている[16]ことから，「ドラクエの計算式」と呼ばれ，他社ゲームでもしばしば採用されてきたこの式は，最も有名なダメージ計算式と言えよう．

Atk と Dfn が同じ値 P だったとして，N を求めてみる．

$$N = \frac{\mathrm{HP}}{\mathrm{Dmg}} = \frac{\mathrm{HP}}{\mathrm{Atk}/2 - \mathrm{Dfn}/4} = \frac{\mathrm{HP}}{P/2 - P/4} = 4 \cdot \frac{\mathrm{HP}}{P}$$

HP と P が等しい場合は，4 回の攻撃で倒れる．8 回の攻撃で倒れるようにしたければ，HP を $2P$ に設定すれば良い．この計算式を使うことで，レベルアップを繰り返し，攻撃力が気持ちよく成長していっても，戦闘のバランスを大きく崩すことなく全体を整えることができ，本当に個性を出したい箇所のパラメータ調整に集中することが可能となったのである．

具体例を挙げてみよう．『ドラゴンクエストⅡ　悪霊の神々』(エニックス，1987 年)において，最初に出会う敵であるスライムの攻撃力は 8 であり，主人公のレベル 1 の防御力は初期装備を含めて 8，HP は 28 である．一方で，終盤に出会うドラゴンの攻撃力は 130，標準的なクリアレベルであるレベル 35 での防御力は最終装備を集めていれば 126，HP は 190 である[9]．見事に，敵の攻撃力と主人公の防御力が近い水準になるように調整されている[17]．本作では，初期は 1 人でスタートし，最終的には 3 人パーティーになることを考慮に入れると，パーティー全体で攻撃に耐えられる回数が同じくらいになるように調整されていることがわかる[18]．実際には，回復魔法や全体攻撃など，さらに難易度調整で考慮すべき要素があるが，基本のダメージ計算が安定しているからこそ，そこからの増減でバランスを取れるのである．

---

[16]　実際に使われている計算式は，乱数要素も含め，もっと細やかな条件分岐のある式であると言われている．

[17]　なお，本作では主人公が敵に攻撃する方向においては，主人公の攻撃力は敵の防御力よりも大幅に高く設定されている．ダメージが気持ちよく入ることを優先しているようである．

[18]　本作での敵から味方への攻撃では，前述のダメージ計算式からさらに倍率調整が入るが，議論の本質に影響はない．

2.3.3 N 回で倒れるダメージ計算式

N 回の攻撃で倒れるようなダメージ計算式は前述の計算式以外にも設計できる．攻撃力が高いとダメージが増え，防御力が高いとダメージが減る，という素朴な前提をもとに，ダメージ計算式を以下のように置こう．

$$\mathrm{Dmg} = K_a \cdot \mathrm{Atk} - K_d \cdot \mathrm{Dfn}$$

このとき，Atk と Dfn を同じ値 P に設定していたとして，N の計算式を変形する．

$$N = \frac{\mathrm{HP}}{\mathrm{Dmg}} = \frac{\mathrm{HP}}{K_a \cdot \mathrm{Atk} - K_d \cdot \mathrm{Dfn}} = \frac{\mathrm{HP}}{K_a \cdot P - K_d \cdot P} = \frac{1}{K_a - K_d} \cdot \frac{\mathrm{HP}}{P}$$

HP が P のときに，N 回の攻撃で倒れるようにするには，$K_a - K_d = 1/N$ という関係性を持つように K_a と K_d を設定すれば良い．前節の「ドラクエの計算式」は $K_a = 0.5$, $K_d = 0.25$ と設定した結果，$K_a - K_d = 1/4$ となった例であった．

それでは，同じ差となる $K_a = 1.0$, $K_d = 0.75$ ではダメなのだろうか．式のわかりやすさの都合で，N の逆数，すなわち，1 回の攻撃で HP の何割が削られるのかを表す値 F を考える．大きい方が敵が強い．

$$F = \frac{\mathrm{Dmg}}{\mathrm{HP}} = \frac{K_a \cdot \mathrm{Atk} - K_d \cdot \mathrm{Dfn}}{\mathrm{HP}} \tag{2.2}$$

F を Atk や Dfn や HP を変数とする関数として考えてみよう．

主人公を育てずに次の街に行ってしまったというのは，主人公に関するパラメータの Dfn や HP を固定した状態で，ゲームが進行して Atk が増えたという話である．このとき，(2.2) 式を Atk だけ変化させたときの傾きを考えれば，K_a が大きいほど，同じような敵の攻撃力上昇に対して，受けるダメージ量が増え，難易度変化が大きくなるということになる．この点で「ドラクエの計算式」の $K_a = 0.5$, $K_d = 0.25$ は，$K_a = 1.0$, $K_d = 0.75$ よりも，キャラクターを育てないプレイヤーに優しい設定の計算式であることがわかる．

一方で，同じ街の周辺でレベル上げをしたときは，敵の攻撃力である Atk は固定で，Dfn や HP が増えていくということになる．このときは，K_d が大きいほど，同じような防御力パラメータの上昇に対して，難易度が下がって

いく実感が得られることになる．じっくり育てる派のプレイヤーには嬉しい
計算式と言えよう．

さらには，Atk，Dfn，HP を，もっと別の変数による関数と考えることも
できるだろう．ゲーム進行度やゲームプレイ時間，それらの関係を表すプレ
イヤーのせっかち度や腕前などが変数の候補である．ゲームのプレイ時間が
経過するに従って，攻撃力の成長曲線をどのように描くとプレイヤーは楽し
いのか，そしてせっかちタイプのプレイヤーとじっくりタイプのプレイヤー
とで体験にどのような差をつけるのか．ゲーム制作者は，そのようなことを
考えながら，楽しさという正解のないゴールに向かって計算式をデザインし
ていくことになるのである．

2.4
おわりに

2.2 節の最初に紹介した TRPG の事例では，新人の戦士は数回の攻撃で倒
れ，超英雄に成長すると十数回攻撃を受けないと倒れなくなった．一方で，
デジタルゲームの RPG の事例においては，倒れるまでの攻撃の回数が一定
になるようにダメージの計算式が調整されていた．これはどちらが正解とい
うわけではなく，各ゲームが提供したい体験に合わせて，ダメージの計算式
を設計した結果である．

何が最適かは，ゲームの個性によるところではあるため，各ゲームごとに
試行錯誤しながら，ベストな計算式を毎回探しているというのがゲーム開発
現場での実態である．ゲームデザイナーやゲームプランナーと呼ばれる職種
の作業の何割かは，スプレッドシートを眺めながら，ときには期待値を計算
したり，シミュレーション結果をプロットしたりしつつ，求める体験を実現
する数値列や計算式を探し出す仕事をしている．

この業務に関して，教科書的にまとめられた方法論があれば良いのだが，
筆者は寡聞にして知らない．もしも，本章で紹介したダメージ計算式のよう
な分野について，さらに体系的に振る舞いをコントロールできる計算式の設
計方法のノウハウがあれば，ゲーム業界で非常に喜ばれることであろう．

Chapter 3

シミュレーションをゲームにすること
／石川淳一氏インタビュー

石川淳一
いしかわ・じゅんいち

1962 年，福岡県直方市生まれ．1987 年に株式会社システムソフト入社．『大戦略』シリーズ，『天下統一』シリーズなど，PC 用シミュレーションゲームを中心に 30 タイトル以上のゲームデザイン，ディレクター，プロデューサーを歴任し，1998 年にシステムソフトを退社．1999 年に有限会社エレメンツを立ち上げ，現在も体験型ゲームとビデオゲームのゲームデザイナーとして活躍中．

　ウォーゲームがアナログゲームとして発展している中で，デジタルゲームの時代が到来した．1980 年代，PC の性能が向上するに従って，ウォーゲームの複雑な駒の管理をデジタルで処理できないかという発想が出たのは自然なことであろう．
　デジタル化するということは，ルールを厳密にプログラミングする必要があるということでもある．デジタルゲームとしてウォー・シミュレーションを実現するに当たって，その計算式やパラメータをどのように設計してきたのであろうか．

Chapter3 シミュレーションをゲームにすること／石川淳一氏インタビュー　　　29

『大戦略』シリーズや『天下統一』シリーズなど，PC用シミュレーション
ゲーム*1の黎明期から制作に携わってきた，ゲーム開発者で有限会社エレメ
ンツ代表の石川淳一氏に話を聞いた.

3.1
『大戦略』の誕生とその特徴

清木●『現代大戦略』（システムソフト，1985年）からはじまる『大戦略』シリ
ーズは，ウォー・シミュレーションのデジタルゲームとして，日本で最初に
人気を博したシリーズだと思いますが，石川さんはその初期から関わられて
きたのですよね.

石川●仕事として関わったのは『大戦略パワーアップキット』（1986年）から
です．デバッグやマップを作る仕事からはじめて，ナンバリングタイトルで
は『大戦略II』（1987年）からゲームシステムの議論にも加わるようになりま
した．『大戦略』のナンバリングタイトルはメインプログラマでもある藤本
（淳一）さんがゲームデザインもしていて，私はアイデアを整えて形にする，
ボードゲーム制作でいうところのゲームデベロップメントの仕事をしていま
した．『SUPER大戦略』（1988年）など，ナンバリング以外のタイトルでは，
ディレクターとして設計から行っています.

清木●『SUPER大戦略』といえば，8-bitマシン向けに簡略化したものかと思
っていたのですが，後にPC-98版も出ているのですよね.

石川●8-bitマシンに移植できるように，少しシステムはシンプルにしてい
るのですが，その代わりに兵器の種類を『大戦略II』の倍くらいの121種類
にまで増やして，陣営として選択できる国ごとの特色を出すなど，劣化版だ
と思われないように工夫しました．X68000やMSX2など，さまざまなプラ
ットフォームに移植されましたね.

清木●『大戦略』シリーズは，その後一世を風靡していくわけですが，そもそ
もどのように生まれたのでしょうか.

---

*1　デジタルゲームにおいては，何も修飾のない「シミュレーションゲーム」というジャンルは，
ターン制で進行する戦闘ゲームを示すことが多い.

図 3.1　石川淳一氏

石川●もともと，PC-8801 用の『森田のバトルフィールド』(エニックス，1983 年)が好きだった藤本さんが，自分で遊びたいために PC-98 用に自作したゲームをシステムソフトに持ち込んだのが最初です．『森田のバトルフィールド』は，「Tactics」と軍人将棋を合わせたようなゲームでした．しかし，『森田のバトルフィールド』はマスが正方形でしたが，『大戦略』シリーズは最初から六角形のマスでしたので，このあたりは，「PanzerBlitz」などの当時のボードゲームの影響もあったのだと思います．ただ，藤本さんもウォーゲームのマニアというわけではなかったので，どこまで深い影響があったのかは分かりません．

清木●ウォーゲームの流れから見ると，『大戦略』シリーズは近しいようで，少し不連続に見える部分があるのですが，もしかすると，その程よい距離感が，ヒット作を生んだのかもしれないですね．ウォーゲームファンでもある石川さんから見て，どういった点が異なると思われますか？

石川●そうですね．私が最初に『現代大戦略』を見たときには(現実では同じ陣営にしか属しえない) F-16 戦闘機同士が平気で戦っているのを見て，リア

リティがない！と憤っていたのですが，そこは重要ではないのですよね．『森田のバトルフィールド』では戦闘機という名前だった駒にF-16という名前をつけることで雰囲気を出すことは大事にしつつも，戦争のリアルなシミュレーションに重きを置くのではなく，あくまでも知的ゲームとしての楽しさを重視していました．

清木●ユニット同士の攻撃シーンのビジュアルも，分かりやすいですよね．

石川●初期の『大戦略』の基本的な攻撃のルールをご説明しますと，ある兵装である兵器へ攻撃した場合の基本となる攻撃成功率があり，そこに地形による補正と，ユニットの経験値による補正を加えたものが最終の攻撃成功率となります．1ユニットは10機編成ですので，無傷のユニット同士が攻撃すると，双方10機ずつの攻撃と反撃を判定し，攻撃が当たった数だけ機数が減ります．この攻撃の過程が10機ずつのビジュアルで表示されるのです．％で表示された攻撃成功率と，実際に1機ずつ撃破されてしまう様子が見える説得力が，戦闘の緊張感を生みました．藤本さんは，おそらく，かっこいいからという感性的な理由でこの見せ方をしていたのだと思いますが，プロデューサーの宮迫(靖)さんはビジュアルがこのゲームのキモだと思っていたのではないでしょうか．

清木●たしかに，成功率が％表示で分かりやすかったので，その通りに行くか，戦闘中は手に汗を握っていました．

石川●歩兵から戦闘機であるF-16への攻撃でも成功率が1％あるので，まれに撃墜されたりもするのです．撃墜したときは嬉しいですし，撃墜されたときはとても悔しい．これはリアルを捨てたからこそ生まれたハラハラポイントですね．

清木●ビジュアルがあることで，10対10という戦闘のルールが分かりやすかったようにも思います．

石川●当時，Avalon Hill社などもデジタルゲームへ取り組んでいたのですが，数値ばかり並んでいて，それで状況をイメージしないといけないようなものが多かったんです．その点，PC-98というリッチなグラフィックス表現が可能なハードが出たタイミングだったのは幸いでした．

清木●石川さんがディレクターをしていた際に，明確にウォーゲームと『大

戦略』は違うと思っていたポイントは，ほかにはどんなことがありますか？

石川●CRT（戦闘結果表）はダイスを振るウォーゲームだからこそのものなので，攻撃の成功率は分かりやすい％表示が一番だと思っていました．また，リアルなタイムスケールや距離感は気にしないことにしています．兵装の射程なども，現実で射程が何メートルだから何マス，という計算方法ではなく，ゲームバランスで決めていました．あとは，プレイヤー同士の対戦は基本的にありませんので，双方がフェアになるようにといったことは考えていません．プレイヤーがチャレンジャーとして面白いと思えるようにバランスをとることしか考えていませんでした．

3.2
シミュレーションゲームの変遷

清木●ターン制でユニットを移動させていくタイプのシミュレーションゲームは，少なくとも国内においては，直接的・間接的に『大戦略』シリーズの影響を受けているかと思います．

石川●『ファミコンウォーズ』（任天堂，1988年）みたいに，『大戦略』の影響がありつつも，ファミコンでも遊べるように見事にアレンジしているのを見ると，嬉しくなってきます．

清木●40年近く経ってきた間に，デジタルのシミュレーションゲームも多様化してきましたが，石川さんから見て，どのようなところが一番大きく変わってきたと思いますか？

石川●オーソドックスなターン型はかなり数を減らしてきているように思います．シリーズとして続いているものでは『ファイアーエムブレム』シリーズ（任天堂）と『スーパーロボット大戦』シリーズ（バンダイナムコ）くらいでしょうか．代わりに，『XCOM』シリーズ（2K）や『戦場のヴァルキュリア』（セガ，2008年）のようなターン制にアクション要素やアナログ表現を入れたものが増えてきているように思います．そして，なんといっても，リアルタイムストラテジーゲームが人気になりましたね．

清木●理由はどのように分析されていますか？

石川●ターン制のシミュレーションゲームは，見た目が派手になりづらく，

得られる快感がマップ全体で勝ったときに偏りがちなんです．そのため，個々の戦闘シーンを派手にしようという試みもあるのですが，いくら頑張っても，何度か見たらあとはスキップされてしまう宿命にもあります．その点，リアルタイム制やアクション要素があると，刺激が多いのは確かでしょう．しかし，一方で，ターン制シミュレーションゲームのいいところは，自分の頭の中で組み立てた皮算用を実現していけることです．そこには，予定外のことが起こって，修正していく面白さも含まれます．

清木●予定外，すなわち乱数要素は必要だと思いますか？

石川●そこはいろいろな考え方があります．例えば，名作の『ファミコンウォーズ』では，ダメージはほぼ事前に計算できてしまいます．ただ，私は乱数要素はあった方が良いと思っています．特に，『大戦略』のように自分の手番で自分のユニットをすべて移動できるゲームでは，順番に戦闘を解決しながら，一手ごとに状況が変わっていく中で，手持ちのユニットでどうフォローしていくかが面白いと考えています．

清木●「クリークスシュピール」では，戦場のリアルな再現のためにダイスを使用していましたが，それとはまたニュアンスが異なりますよね．

石川●そうですね．知的ゲームとしての楽しさのためです．

3.3
パラメータを決める判断基準

清木●現役でゲームデザイナーとして活躍されている石川さんですが，シミュレーションゲームの計算式やパラメータを決める際に，どのようなことを考えていらっしゃるのでしょうか．

石川●人の頭で考えられる範囲というのは常に意識しています．デジタルゲームはコンピュータで計算するので，いくらでも複雑なことはできてしまうのですが，複雑すぎて人間が作戦を組み立てられなくなるような要素は削ります．パラメータについても，兵器の個性が表現できる中で，できるだけ少ないパラメータ数にどうやったらできるかを考えます．ここについては，人それぞれなところもあって，藤本さんは雰囲気のためにどんどんデータを突っ込むタイプで，ある兵器しか持っていない特徴を出すために新しいパラメ

ータを増やしてしまったりする．セガさんが開発してくださった『アドバンスド大戦略』シリーズも同じ傾向があります．

清木●ゲームデザイナーの個性が出ますね．

石川●私に関しては，この点はボードゲームの影響があるかと思います．ボードのウォーゲームは判定を人間同士で行う以上，ルールを入れすぎるとプレイできなくなるので，優先的に表現したいもの，切り捨てた方がいいものを明確にする必要があったからです．逆に悪い例として1980年代のウォーゲームの中には，規模を大きく，ルールを細かくという方向性でエスカレートした結果，駒を並べるだけで2時間もかかるようなものも出てきていました．駒数が2000，ボード10枚，など，数で宣伝するようになってしまっていたんです．それを見ていたので，シンプルにまとめる意識が強かったのだと思います．

清木●シンプルを考える中で，ここまでは捨てられないというラインはどこだったのでしょう？

石川●ゆずれないラインは意外となかったです．『大戦略』だと許された．ただ，兵器の持つイメージを，どうパラメータに載せるかは，強く意識していました．例えば，スウェーデンの兵器が増えたとき，他国の兵器との違いをどのように出すかを考えました．そこで，一般にスウェーデンの兵器はメンテナンス性が良いと言われていたので，もともとあった都市にいるときにユニット数が回復するというルールを利用して，兵器ごとに変えられるようにパラメータを追加し，スウェーデンの兵器は回復しやすくしたのです．それがリアルかどうかではなく，プレイヤーが持っているイメージを反映できるかがポイントでした．

清木●雰囲気を壊さないようにする中で，ゲームとしてのバランスはどのように取っていたのでしょう．

石川●最後は，値段でバランスを調整しました．実際の兵器の値段なんて定価がないので調整しやすかった．特に最新鋭の兵器とかは高性能にしたいので，そのイメージを崩さずに値段を上げることでゲームバランスを取りました．逆に，ロシアの兵器は性能は低いけど安い，とか．

清木●やはり，知的ゲームとしてのバランスを取ることは大前提なのですね．

——　最後に，改めて，シミュレーションゲームとはどのようなプレイ価値を提供するゲームジャンルか，教えていただけますか．

石川●ここは歴史の再現性を基本とした狭義のシミュレーションゲームと，『大戦略』のような，どちらかというとストラテジーゲームに近いもので若干違う部分もあるかとは思うのですが，やはり大局的な先の展開を予想して作戦を立て，その通りになったときの知的満足感だと思います．「オレ，頭いいのでは!?」的な（笑）．

清木●とても興味深いお話を伺えました．ありがとうございました！

［2022 年 7 月 18 日・2024 年 2 月 19 日談］

図 3.2　左から，三宅陽一郎，石川淳一，清木 昌

Chapter 4

ゲームと乱数

本来，コンピュータというものは論理演算を積み重ねて，決定論的な振る舞いをするシステムである．同一のプログラムとデータを与えれば，何度実行しても同じ実行結果を出力することが期待されている．

しかし，実行のたびに異なる数値が得られるようにしたいという，決定論的システムと相反する要望が生まれることがある．具体的に分野を挙げれば，暗号・通信，シミュレーション，そしてゲームである．

想像してみて欲しい．常にグー，チョキ，パーを順番に出すことしかしないじゃんけんゲームがあったら，それは遊びにならない．あるいは常に同じ手を指す将棋ソフトがあったら，すぐに飽きてしまうだろう．運という要素，そして毎回違うことが起きる状況の多様性は，遊びにおいてきわめて重要である．

本章では，決定論的なコンピュータシステムで，ランダムに見える値を生成するための取り組みを取り上げる．

あるデジタルゲームにおいて，発売後にこんな不具合が見つかった．サイコロを振って駒を進めるボードゲームをモチーフにしたゲームであったが，特定の条件下で，サイコロの目が，前回偶数だったら次は必ず奇数が出て，奇数が出たら次は必ず偶数が出る，という奇妙な振る舞いをしていたのである．

なぜこのようなことが起こったのだろうか．それを知るためにも，乱数の世界に分け入っていこう．

4.1
疑似乱数生成器

　一見すると乱数に見える数列を出力する決定論的な生成器を作ることを考える．これを疑似乱数生成器(pseudo random number generator; PRNG)と呼ぶ．

　疑似乱数生成器は一般的に以下のように動作する．

1. 内部状態を何らかの値（シード）で初期化する．
2. 内部状態から次の出力値を計算し，出力する．
3. 内部状態から次の内部状態を計算し，更新する．
4. ステップ 2 に戻る．

疑似乱数生成器を考える際に重要なポイントは 2 つ．まずは，どのように内部状態を更新し，値を出力していくか．すなわち，計算アルゴリズムである．アルゴリズムにより，出力値の統計的な性質の良さや，周期が決まっていく．内部状態の状態数に限りがあり，状態間の遷移が決定論的に決まることから，疑似乱数を出力し続けるといずれ内部状態数以下の周期で必ず繰り返すことになることに注意されたい．

　もう一つ大事なのが，初期化でどのような値を使うかである．この初期化に使われる値をシードと呼ぶ．同一のシードからは同一の数値列が出力されるため，毎回異なる結果が欲しい場合はシードに工夫が必要となる．

　初期のデジタルゲームでは，時間経過やプレイヤー操作により乱数が変化することで，体感的には毎回違う乱数が出るようにしていた．現在は OS が収集するさまざまな実行環境の揺らぎを取得して毎回変化する乱数のシードとして利用できる．

　アルゴリズムとシードを用途に応じて柔軟に使い分けることが，疑似乱数を使いこなすためには重要である．以降，疑似乱数のことを乱数と呼ぶ．

4.2
さまざまな乱数とその歴史

　ゲーム内での乱数は，その時代に応じた計算機リソースと，「乱数らしさ」のトレードオフの中で，適切な疑似乱数生成器が選択されてきた．代表的なものを紹介していこう．なお，本稿では暗号用の乱数は扱わない．

4.2.1 乱数表

　コンピュータがなかった時代，スパイは暗号通信に乱数が書かれた表を使っていた．デジタルゲームにおいても，メモリ上に展開された表から値を拾うことで乱数を生成しているケースがある．

　例えば，『パックマン』(ナムコ，1980 年)や『ギャラガ』(ナムコ，1981 年)では，プログラムが格納されている ROM 自体を乱数表として参照するという荒技が行われた[10]．当然ながら，値は一様ではなく，また，プログラムコードが変更されると乱数の振る舞いが変わるというリスクもあった．

　『ギャラガ』では，乱数表を参照するシードの一部として Z80 CPU の R レジスタが使われた．R レジスタは DRAM のリフレッシュ動作が行われているアドレスを参照できる特殊なレジスタであるが，プログラムの実行と並行して自動的に値が更新されることから，しばしば簡易乱数として参照されることもあった．

　疑似乱数生成のノウハウが浸透するにつれ，すぐに次節以降で紹介するアルゴリズム的な手法が主流になっていくが，それでも乱数表を好む開発者もいたようで，「スーパーファミコン」の時代に乱数表が用いられていた事例もある．256 バイトの乱数表を使い，8 ビットのシードから 8 ビットの乱数を取得するケースが代表的である．

4.2.2 線形合同法

　線形合同法(linear congruential generator; LCG)は，疑似乱数として以下のような数列を生成するアルゴリズムである．

$$x_{i+1} = (ax_i + c) \bmod m$$

きわめてシンプルな漸化式で定義されるこのアルゴリズムは，歴史的に，C言語の標準ライブラリのrand関数の実装として数十年間利用されてきたこともあって，最も知られた疑似乱数生成アルゴリズムと言えよう．

前述の『パックマン』では，ROMを乱数表として使用しつつ，線形合同法も併用していた[**10**]．そこで用いられていたのは，以下の漸化式である．

$$x_{i+1} = (5 \times x_i + 1) \bmod 2^8$$

8ビットの線形合同法として最大の周期256を持つ．

しかし，一方で問題もある．$x_0 = 0$として，この漸化式が出力する値を2進数で並べてみよう．

00000000
00000001
00000110
00011111
10011100
00001101
01000010
01001011

着目すべきは，下位ビットの周期性である．最下位ビットは0と1を周期2で繰り返し，下から2番目のビットは周期4で繰り返す．これは，定数mとして2^nを採用している線形合同法共通の問題である．mに例えば2^n-1などを採用すればこのあからさまな周期性は出なくなるが，2^nでの剰余をできれば採用したい．なぜなら，2^nでの剰余は，2進数表現で下位nビットを得るというだけの操作でよく，高速に計算できるためである．

冒頭で紹介した，奇数と偶数が交互に出るサイコロの謎の答えがお分かりいただけただろうか．推測になるが，何らかの事情で乱数関数の独自実装が必要となり，その際に線形合同法を選択したが，この周期性への対応が漏れていたという可能性が高い．

解決方法はいくつかある．例えば，多くのC言語の処理系では，標準ライブラリのrand関数は0から32767までの整数を返す仕様だ．そこで，32ビット処理系においては，内部的には31ビット幅で漸化式を計算した上で，返

り値としては，下位 16 ビットを捨てて，上位 15 ビットを返すことで，最下位ビットの周期を 2^{17} まで伸ばすことができる．

もう一つの解決方法は，別の乱数生成アルゴリズムに乗り換えることだ．CPU に潤沢なパワーがなかった初期のゲームハードでは，次に紹介する線形帰還シフトレジスタがその候補となる．

なお，ゲーム開発が C 言語や C++ での開発に移行した「PlayStation」世代からは，標準ライブラリの乱数関数をそのまま使った結果か，前述の下位ビットを捨てる線形合同法を採用しているタイトルも多い．

しかし，下位ビットを捨てたとしても線形合同法の乱数の性質があまり良くないことも，ゲーム開発者に広く知られるようになっていった．このときに代替候補となったのが後述するメルセンヌ・ツイスタである．

なお，主要ゲームエンジンの 1 つ「Unreal Engine 5」の FRandomStream クラスのドキュメントには，下位ビットの品質がとても悪いので剰余演算をして使わないように，とわざわざ明記されているため，線形合同法である可能性が高い．

4.2.3 線形帰還シフトレジスタ

疑似乱数生成器として必ず話題に上がるもう一つのアルゴリズムが，線形帰還シフトレジスタ（linear feedback shift register; LFSR）である．

アーケードゲーム版の『ドルアーガの塔』（ナムコ，1984 年）で利用されていた線形帰還シフトレジスタを図 4.1 に挙げる [10]．

線形帰還シフトレジスタの動作はシンプルだ．図 4.1 の例では，8 ビットの内部状態がある．1 回の操作で，この内部状態が上に 1 ビットだけシフト

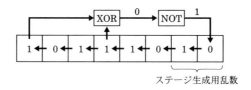

図 4.1 『ドルアーガの塔』の LFSR

する．空いた最下位ビットには，直前の内部状態での最上位ビットと，途中
のビットの値を排他的論理和（XOR）した値を，ビット反転（NOT）して入れ
る．これだけである．XOR はビット毎に値が異なると 1 となる演算だ．

　一般的には，線形帰還シフトレジスタはこの最下位ビットに入れた値を，
乱数生成の結果として 1 ビットだけ出力するが，『ドルアーガの塔』において
は，用途に応じて下位の複数ビットを読み出して使用している．

　線形帰還シフトレジスタは，このシンプルな構造から，特にハードウェア
実装に向き，デジタル放送のスクランブルなどにも利用されている．

　内部状態の更新処理を別の表現で記述してみよう．内部状態をビット単位
で分解し，有限体 $GF(2)$ のベクトルとみなす．$GF(2)$ は要素 $\{0, 1\}$ からな
る体で，$1+1 = 0$ となる．$0+0 = 0,\ 0+1 = 1,\ 1+0 = 1$ であることを合わ
せると，$GF(2)$ 上の加算は，論理演算 XOR と等しい．

　ここで，時刻 i での内部状態ベクトルを $\boldsymbol{x}_i$ と置こう．すると，図 4.1 の例
において次の内部状態に更新する漸化式を以下のように書ける．

$$\boldsymbol{x}_{i+1} = \begin{pmatrix} 0 & 1 & 0 & 0 & 0 & 0 & 0 & 0 \\ 0 & 0 & 1 & 0 & 0 & 0 & 0 & 0 \\ 0 & 0 & 0 & 1 & 0 & 0 & 0 & 0 \\ 0 & 0 & 0 & 0 & 1 & 0 & 0 & 0 \\ 0 & 0 & 0 & 0 & 0 & 1 & 0 & 0 \\ 0 & 0 & 0 & 0 & 0 & 0 & 1 & 0 \\ 0 & 0 & 0 & 0 & 0 & 0 & 0 & 1 \\ 1 & 0 & 0 & 1 & 0 & 0 & 0 & 0 \end{pmatrix} \boldsymbol{x}_i + \begin{pmatrix} 0 \\ 0 \\ 0 \\ 0 \\ 0 \\ 0 \\ 0 \\ 1 \end{pmatrix}$$

　このように，シフトなどのビット位置の移動と，ビットごとの XOR 演算
は，行列の積として記述でき，NOT 演算は 1 を加算することで表現すること
ができる．

　線形帰還シフトレジスタの一つの性質である長周期性について言及してお
こう．一般的な線形帰還シフトレジスタでは，XOR した結果を直接最下位
ビットに代入する．すると，先ほどの式の加算項がなくなるので，内部状態
ベクトルの更新を行う行列を T と置くと，$\boldsymbol{x}_{i+1} = T\boldsymbol{x}_i$ という漸化式で表現で
きる．すなわち，$\boldsymbol{x}_i = T^i\boldsymbol{x}_0$ となる．

ここで，うまく T を選ぶと，状態ベクトルのサイズを n としたとき，$T, T^2, \cdots, T^{2^n-2}$ までは単位行列にならず，T^{2^n-1} ではじめて単位行列 I になるような T を作ることができる．このとき，この T に対応する線形帰還シフトレジスタは最長の系列，すなわち M 系列（maximum length sequence）を持ち，その周期は 2^n-1 となる．これを証明するには，線形帰還シフトレジスタの状態をガロア拡大体 $GF(2^n)$ の元とみなしたときに，最下位ビットへの帰還の計算式に原始多項式を使うことで，周期が 2^n-1 となることと，原始多項式が必ず存在することを説明する必要があるが，紙幅の関係で省略する．

線形合同法では最大で 2^n の周期を持っていたのに比べて，-1 の差は何かと疑問に思われるかもしれない．これは，周期 2^n-1 の M 系列以外に，必ず周期 1 の系列を持つことを考えれば納得できる．$\boldsymbol{x}_i = T^i \boldsymbol{x}_0$ という一般式を見れば自明なとおり，初期値 $\boldsymbol{x}_0$ が 0 ベクトルであった場合，常に 0 である周期 1 の系列となる．線形帰還シフトレジスタのみならず，XOR とビット移動で構成される疑似乱数生成器全体の問題として，不動点となる値で初期化しないことには注意を要する．

さて，話を『ドルアーガの塔』で用いられている線形帰還シフトレジスタに戻そう．これは 8 ビットの線形帰還シフトレジスタで実現可能な最長周期の 255 には足りないが，十分に長い 217 の周期の系列を持つ．それ以外には，周期がそれぞれ 31, 7, 1 の系列がある．

余談であるが，8 ビットの線形帰還シフトレジスタで M 系列を作ろうとすると下から 8, 6, 5, 4 ビット目の 4 つのビットの XOR を取る必要がある．そのため，より演算回数が少なく，かつ 217 という十分に長い周期を持つこの NOT を含む線形帰還シフトレジスタが実応用では好まれた．

さて，『ドルアーガの塔』の乱数利用で特徴的なポイントは，疑似乱数生成器の「特定のシードからは常に同じ数値列を出力する」という性質を積極的に利用している点にある．

『ドルアーガの塔』は，全 60 フロアの塔を 1 フロアずつ踏破していくアクションゲームで，各フロアは 18×9 マスが壁で区切られた迷路になっている（図 4.2）．各フロアの壁の配置データは ROM 内に保持しておらず，線形帰

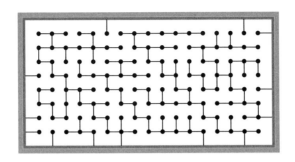

図 4.2 『ドルアーガの塔』のフロア構造

還シフトレジスタを用いて毎回生成している．

マップ生成アルゴリズムは以下の通りである．

1. シードとしてフロア番号を用い，初期化する．
2. 右上から走査し，未訪問の柱を探す．
3. 線形帰還シフトレジスタを1ステップ進めて，下位2ビットを得る．
4. (00：上，01：右，10：下，11：左) の方向に壁を設置．同じ場所に壁が設置済みだった場合は3に戻る．
5. 壁を渡した先が未訪問の柱だったら，その柱に移動して3に戻る．訪問済の柱か外周だったら6へ．
6. 未訪問の柱が残っている限り，2に戻る．

3において，線形帰還シフトレジスタを1ステップしか進めていないのに，下位2ビットを使っている点と，(00：上，01：右，10：下，11：左) というルールが実はキモとなっている．

要点を解説しよう．アルゴリズムだけ見ると，自由気ままに上下左右に壁が伸びていきそうに見えるが，乱数で前回の下位ビットが上位ビットに残るという特殊な振る舞いと，設置済みの壁をもう一度設置できないという仕様から，ある柱から壁の伸びていく遷移パターンは実はかなり限定されている．

上(00)に行った次は00か01のどちらかとなるので，上か右へ．右(01)の次は10か11で，下であれば問題なくいけるが，左には戻れず11を破棄，そ

の次の候補も 10 か 11 であるので，結局のところ，右の次は必ず下となる．
同様に，下(10)の次は必ず右．最後に左(11)の次は左か下へ．

遷移関係を整理してみると，左に行けば上に行けず，上に行けば左に行け
ないことがわかる．このため，ある柱から壁を伸ばしている途中に生成中の
壁にぶつからず，壁のループができないことが保証される．

また，右側の上の柱から順に壁を生成していくため，一度に長く生成が進
むのは左に連続で進んでから下 → 右 → 下 → 右と進むパターンだけである．
例えば図 4.2 では右上 2 番目の柱から左に 4 つ進み，そこから右下にジグザ
グに進んだ壁のパターンが見える．これがアクセントになり，単調ではない
が，複雑すぎない，ほどよい移動難易度の迷路が生成されるのである．

もう一点，逆転の発想がある．先ほど，一般的な線形帰還シフトレジスタ
はオール 0 で初期化してはいけないと述べた．『ドルアーガの塔』の線形帰
還シフトレジスタは最後に NOT 演算が行われる亜種のため，オール 0 は問
題ないが，代わりにオール 1 を入れると，周期 1 となってしまう．普通であ
れば，オール 1 での初期化を単純に禁止する．しかし，『ドルアーガの塔』の
マップ生成では，これをあえて利用するのが面白い．最終フロアであるフロ
ア 60 においては，特別にこのオール 1 で初期化する．その結果，常にマップ
生成用乱数に 11 が出力されるようになる．これは左方向に壁を設置せよと
いう指示だ．これによって，『ドルアーガの塔』はそれまでの迷路のようなフ
ロアから一転，最終フロアだけは整然と横方向に壁が伸びたマップが生成さ
れることとなり，ゲームの終わりを演出する．

線形帰還シフトレジスタの一番の制約は，1 ステップで 1 ビットしか出力
されないことである．『ドルアーガの塔』ではこの性質を逆手に取ったが，一
般的な用途で考えれば，単純にソフトウェア実装での乱数生成速度が遅いと
いう話になる．

また，これは線形合同法との共通の悩みであるが，32 ビットの実装で，周
期が 2^{32} や $2^{32}-1$ であるというのも悩みであった．この周期では，現代の
CPU で乱数を出力し続けると数秒で一周してしまう．そこに登場するのが，
モダンな疑似乱数生成器の一柱であるメルセンヌ・ツイスタである．

4.2.4 メルセンヌ・ツイスタ

　メルセンヌ・ツイスタ(Mersenne twister; MT)は，松本眞と西村拓士により開発され，1996 年に発表された[11]．最大の特徴は，$2^{19937}-1$ という長大な周期である．メルセンヌ・ツイスタは，線形帰還シフトレジスタからの流れを汲み，大きくは，XOR とビット移動で構成される $GF(2)$ 上での疑似乱数生成器というグループの一員である．線形帰還シフトレジスタからの改善の試みを追っていこう．

　まず，線形帰還シフトレジスタが 1 ビットずつしか生成できないことの解決が模索された．そこで考えられたのが，GFSR (general feedback shift register)，すなわち，線形帰還シフトレジスタを必要なビット数だけ並べて，同時に計算するというアプローチである．しかし，それでは周期がもとのままである．そこで，各ビットを計算するシフトレジスタ間で状態が影響し合うような操作により「ひねり」を加えた twisted GFSR が提案された．そこから，さらなる長周期を目指したのが，メルセンヌ・ツイスタだ．

　前述のとおり，ビット位置の入れ替えと XOR で構成される乱数生成器は，$GF(2)$ のベクトル $\boldsymbol{x}_i$ と行列 T の漸化式 $\boldsymbol{x}_{i+1} = T\boldsymbol{x}_i$ として記述できる．$\boldsymbol{x}_i$ の次数を n とする．$T^k = I$ を満たす最小の k が 2^n-1 であるとき，T による乱数生成器が最大周期を実現する．そこで，ある T が与えられたとき，最大周期となるかを高速に判定したい．このとき，2^n-1 が素数であれば，効率よく判定する判定法が開発された．この判定法と，素数である $2^{19937}-1$ を使って生み出されたのが，この飛び抜けた超巨大周期を持つメルセンヌ・ツイスタである．なお，2^k-1 で表現できる素数をメルセンヌ素数と呼び，名前の由来となっている．

　メルセンヌ・ツイスタは，Python や Ruby の標準ライブラリでの乱数として採用されており．C++ でも，std::mt19937 という名称で標準的に利用可能となった．

　ゲームでは，メモリに余裕の出てきた「PlayStation 2」世代から，現在に至るまで使われている．クレジット表記を見る限り，『大神』(カプコン，2006 年)，『Wii Party』(任天堂，2010 年)，『SEKIRO：SHADOWS DIE TWICE』

（フロムソフトウェア，2019 年）などでの採用を確認できた．また，「Play-Station 4」（ソニー・コンピュータエンタテインメント）の本体システムのライセンス表記にも含まれている．

また，『Minecraft』（Mojang Studios，2011 年）の Bedrock Edition においては，ワールド生成に用いる疑似乱数生成器としてメルセンヌ・ツイスタが利用されている．お気に入りのワールドに出会ったら，シード値を覚えておき，ワールド生成時に同じシード値を指定すれば何度でも再現できる．『ドルアーガの塔』で見たプロシージャルなマップ生成の 3D 版といえよう．

さて，メルセンヌ・ツイスタは超巨大周期の疑似乱数生成器であるが，長周期と引き換えに 2496 バイトの内部状態を保持しないといけないという点は，この手法の特徴として認識すべきであろう．

また，メルセンヌ・ツイスタは，他の乱数生成器と比較されたときに，乱数生成速度が相対的に遅いと指摘されることがある．その速度を改善したものが 2006 年に開発された SFMT だ．近年の CPU での高速動作を意識して構成した結果，SIMD 命令を有効にした条件でメルセンヌ・ツイスタの倍程度の速度を達成しており，生成速度は他の主要な乱数生成器と近いレベルにまで改善している．また，実務では $[0, 1)$ の区間に一様分布する実数として乱数が欲しいことも多く，これを倍精度浮動小数点数として直接生成する dSFMT も有用である．

メルセンヌ・ツイスタほどの極端な長周期性は不要な用途も多い．その代わり，コンパクトで速く，かつ，乱数の性質も良い乱数生成器はないだろうか．そんな需要に応えたのが，次節で紹介する xorshift である．

4.2.5 xorshift

ジョージ・マルサグリアが 2003 年に提案した xorshift は，XOR 演算とシフト演算のみで構成された，高速かつ省メモリな疑似乱数生成器である[12]．

多く使われている内部状態が 128 ビットの xorshift のアルゴリズムを以下に示す．なお，x, y, z, w, t はそれぞれ 32 ビットであり，∧ は XOR 演算を，<< および >> はそれぞれ左ビットシフトと右ビットシフトを表している．

1. $t \leftarrow x \wedge (x << 11)$
2. $x \leftarrow y,\ y \leftarrow z,\ z \leftarrow w$
3. $w \leftarrow (w \wedge (w >> 19)) \wedge (t \wedge (t >> 8))$
4. w を乱数として出力する.

このシンプルな処理で $2^{128}-1$ の周期を持つ. -1 なのは, xorshift も本質的には $GF(2)$ 上の変換行列で表せるため, 0 ベクトルが不動点となることによる.

　この高速性と省メモリ性, そして, ゲーム中の利用では使い切れない十分な周期は, ゲームでの利用にフィットする. モバイルゲームではデファクトスタンダードとなっているゲームエンジンの「Unity」では, 内部状態が 128 ビットの xorshift が乱数生成器として採用されている.

　xorshift は提案後もさまざまな検証を受け, 新しい乱数検定に対応したいくつかの亜種が提案されている. セバスティアーノ・ヴィーニャが提案した xorshift＋ は, Chrome をはじめとした現在の主要な Web ブラウザの JavaScript での乱数生成器として採用されている. また, デイビット・ブラックマンとヴィーニャによる xoshiro** ファミリーは, .NET 6 に採用された.

4.2.6 疑似乱数生成のさらなる研究

　メルセンヌ・ツイスタと, xorshift ファミリー以外にも, 有力な疑似乱数生成器は研究されているので, いくつか紹介したい.

　ジョージ・マルサグリアによるキャリー付き乗算(multiply-with-carry; MWC)は, b 進数における整数 p での除算の小数展開と同等の出力をする. その周期は p に応じた値となるが, p の設定に柔軟度が高く, xorshift128 と同等の周期約 2^{127} から, メルセンヌ・ツイスタよりもさらに長大な周期約 2^{131104} まで構成することができる. さらに, 周期約 2^{127} の MWC と xorshift128 で速度比較すると, 筆者の手元の環境(Macbook Air M3 2024)では MWC の方が速い.

　また, 線形合同法の復権として, メリッサ・オニールによる PCG (permuted congruential generator)もある. 内部状態の更新には線形合同法を使

いつつ，出力を捻ることで統計的性質を改善しようと試みたものだ．速度は他の同世代の高速な乱数生成器と同程度だが，より少ない内部状態ビット数で質の良い乱数を生成すると主張している[13]．Python 用数学関数ライブラリ NumPy のデフォルトの乱数生成器に採用された．

乱数の品質の評価は用途によるので難しい．一つの尺度として，MWC と PCG はともに，現在主流の乱数検定テストスイートである「TestU01」をすべてパスする．一方で，メルセンヌ・ツイスタとオリジナルの xorshift は一部の「TestU01」のテストをパスしない[14][15]．しかし，両者とも，一つ前の世代の主要な乱数検定テストスイートの「Diehard」をパスしており，一定の品質は保証されている．ゲーム用途では，いずれのアルゴリズムもまったく問題なく利用できるというのが筆者の意見である．気になる方は参考文献を当たっていただきたい．

4.3
ゲームにおける「乱数らしさ」

ゲームと乱数という話題で，一つだけ忘れてはならないことがある．それは，真の乱数は，場合によって「乱数らしくない」ことである．

真の乱数は，部分だけ見れば確率的に偏ることがある．つまり，コイン投げで 10 回表が出続けることはありえる．常にランダムにさらされるようなタイプのゲームにおいては，この確率的に発生する偏りが目立ちやすい．結果，1/1024 の確率で発生した 10 回連続コインの表が出るという体験が，そこだけ切り取られて意識に残り，確率が操作されているという印象を与えてしまう．特に自分にとって不利な偶然は記憶に残りやすい．

そうした認知の歪みが表出しやすい典型例がオンライン対戦麻雀である．配牌に対して一喜一憂する遊びであるので，時に乱数の偏りが，牌を操作されているのではという疑念に繋がる．オンライン対戦麻雀の『天鳳』(シー・エッグ，2007 年)は，メルセンヌ・ツイスタで配牌を混ぜているが，その乱数のシードを事後に公開することで，配牌に細工がないことをアピールするというユニークな取り組みをしている．事前にシードのハッシュ値一覧が公開されているので，事後に付き合わせることで，準備されていたシードが順番

に使われているだけであることを検証可能にしている.

このようなプレイヤーが偶然に作為を感じてしまう問題は, 他のジャンルのゲームでも発生する. ゲーム開発者はこれに, 乱数の使い方を工夫することで対応してきた. 例えば, いくつかの事象が順序はランダムだが一定割合で発生することを保証したい場合, 事前に仮想的な箱に各事象のカードを発生率に応じた枚数ずつ入れておき, シャッフルした上で, そこから1枚ずつカードを引くという, 非復元抽出手法が有効だ.

また, RPGにおける敵との遭遇判定で, 一歩進むごとに確率で抽選するのではなく, 敵と遭遇するまでの歩数を乱数で決めることで, 戦闘の発生回数が極端に変動しないように担保するというワザも使われてきた.

ほかにも, 例えば『ファイアーエムブレム』シリーズ(任天堂)の一部の作品では, 命中率80%と表示されているときは実際には9割以上の確率で命中すると言われているが, おそらくこれも期待値以上の結果を期待してしまうプレイヤー心理に寄り添った, 柔軟な調整の結果であろう.

一方で, 乱数の厳密さを特別に求められるケースもある. 多くのスマフォゲームはガチャと呼ばれるランダム排出の課金で収益を上げているが, 抽選率の公開義務など法的な制約が強い. 確率設計と売上が直結しており, 乱数の実装を間違えるだけでビジネスに打撃を与えるため, 乱数の出力を監視する独立チームがいることすらある. 心理学と統計学の狭間に乱数はある.

4.4
おわりに

フランスの思想家ロジェ・カイヨワは『遊びと人間』(講談社学術文庫)にて, 遊びの理論的分類として4つの項目を挙げた. その分類の一つであるアレア(Alea)として, 偶然が生む遊びを論じている. カイヨワは4分類の中で唯一アレアだけが動物には見られない遊びであると述べている. 未来を予見し, 想像し, 投機するという数理的な力が必要とされるためである.

偶然性というのは, 人間ならではの遊びの楽しみを支える大きな柱であり, 気持ちよく偶然を楽しんでもらうことは, ゲームデザインの重要な軸である. その体験を支える乱数は, 数学によって作られているのだ.

Chapter 5

「8-bit」の動きの計算

　デジタルゲームはインタラクティブなシミュレーション空間であり，意図したインタラクティビティを実現するには，ゲーム開発者のイメージした動きを，ゲーム空間上に再現できることが重要である．

　コンピュータに対して，「いい感じで動いて欲しい」と頼んで，「いい感じ」で動いてもらえるようになるには，今しばらく人工知能の発達を待つ必要があろう．当面は，ゲーム開発者は自分が望む動きの通りの座標値を出力するロジックを自ら実装する必要がある．

　しかし，計算にはコストがかかることを忘れてはならない．デジタルゲームは画面の更新頻度に応じた座標更新が行われるシミュレーション空間である．毎秒 60 回の頻度で画面を更新したい場合，1 回の更新には約 16.7 ミリ秒の時間しか使うことはできない．デジタルゲーム開発は，計算コストと戦いながら，一定の整合性をもったゲーム空間を作り出す営みでもある．

5.1
「8-bit」の時代のジャンプ

　デジタルゲームはコンピュータの発展とともに歴史を歩んできた．8080（インテル）・Z80（ザイログ）・6502（モステクノロジー）といった CPU が安価に量産され始めた 1980 年前後には，ドット絵で表現される多様なゲームが生まれた．『スペースインベーダー』(タイトー)や『パックマン』(ナムコ)でゲームセンターに人が集まり，やがて自宅で遊べる「ファミリーコンピュータ」(任天堂)の大ブームが到来して，デジタルゲームの時代が始まった．現在でもインディーゲームの世界では当時風の表現を「8-bit」と呼び，ひとつのスタイルとして確立している．

Chapter5 「8-bit」の動きの計算   51

この「8-bit」は，コンピュータの頭脳であるCPUが扱う情報の標準単位が
8ビット，つまり$2^8 = 256$の状態数であることを示している．符号なし整数
であれば0から255，符号あり整数であれば-128から127までしか一度に
扱えない．

なお，一度に加算や論理演算ができるのが，この範囲の値同士だけだとい
うことには注意が必要である．0から9までの数値同士の四則演算しかでき
ない小学生でも，筆算をすれば桁の多い数値の計算ができるように，8ビッ
ト同士の演算から，より多い桁の計算を構成することは可能である．しかし，
ここで思い出していただきたい．デジタルゲームは計算コストとの戦いでも
あることを．

理論的には，8ビットのCPUでも，現代的によく用いられている64ビッ
トの浮動小数点演算を行うことはできる．しかし，1回の画面更新間隔で加
算命令にして1万回程度のオーダーの計算コストしか使えなかった当時は，
整数乗算すら高価な演算とみなされており，ましてや浮動小数点数をゲーム
で扱うことなど贅沢の極みであった．

5.1.1 整数演算のみでジャンプする

そんな時代では，シンプルな整数同士の加減算を使った座標計算が動きの
処理の主役であった．当時のアクションゲームでジャンプした際の典型的な
処理手順を以下に示す．

座標の整数部と小数部を p_int, p_frac，速度の整数部と小数部を v_int, v_frac,
加速度の小数部を a_frac とおく．小数部と呼んでいる変数も以下の処理では
整数として扱われていることに注意．

1. ジャンプボタンが押されたら，v_int, v_frac, a_frac に初期値を代入．
2. v_frac に a_frac を足し込み，v_frac が256以上になったら，v_int を1増や
   し，v_frac から256を減算する．
3. p_frac に v_frac を足し込み，p_frac が256以上になったら，p_int を1増や
   し，p_frac から256を減算する．
4. p_int に v_int を足し込む．

5. p_int の座標に，キャラクターを描画する．

6. ジャンプ中，次の画面更新でステップ2に戻る．

　この仮想コードのステップ2とステップ3の処理は，8ビットの数値しか扱えない CPU では，キャリーフラグと呼ばれる専用の機能により，軽量に処理を記述できる．キャリーフラグは，加算の結果として桁溢れが発生すると内部的に立つフラグで，キャリーフラグが立っている場合には1を追加で加算するという機械語命令が存在することが一般的である．筆算で足し算をするときに，繰り上がりの1を覚えておいて，上の桁の計算時に1を足し込むことの256進数版と考えれば良い．上述の処理は，256進数で小数点以下1桁までの計算をしていることに等しい．

　このように，小数点以下の桁数を固定し，整数演算の桁取りの解釈だけ調整しながら演算を行うことを，固定小数点数での計算と呼ぶ．数値を仮数部と指数部に分けて扱う浮動小数点数に比べ，固定小数点数は乗除算による大きな桁の変動には弱いが，桁の変動が少ない用途においては，計算がきわめて軽量であるという大きな利点がある．

　「8-bit」の時代は，ジャンプし，重力に引かれて落ちるという処理一つでも，機械語レベルでの実行にかかるクロック数をいかに節約するかという時代であった．しかし，物理法則のシミュレーションとしての「正確さ」はどうだったのであろうか．

5.2
ゲームの動きと数値解析

　よく知られているように，重力下で物を投げると，その軌道はその名の通り放物線となる．その曲線を表す式は，運動方程式を解析的に解くことで求められる．一方で，前節の計算処理は，ある時刻 t の座標と速度と加速度から，時刻 $t+\Delta t$ の座標と速度を逐次的に求めるという手順であった．これは数値解析の手法の基本の形である．

5.2.1 オイラー法

ある時刻 t の座標を $x(t)$ とおく．時刻 $t+\Delta t$ のときの座標を考えるとき，$x(t)$ を t のまわりでテイラー展開することで以下の式が導かれる．

$$x(t+\Delta t) = x(t)+x'(t)\Delta t+\frac{1}{2!}x''(t)(\Delta t)^2+\frac{1}{3!}x'''(t)(\Delta t)^3+\cdots$$

ここで $x'(t)$ は x の t に関する微分である．時刻の刻み幅である Δt を十分に小さくしていけば，Δt の高次の項の影響は少なくなる．大胆に $(\Delta t)^2$ 以下は無視してみよう．すると $x(t)$ と $x'(t)$ から $x(t+\Delta t)$ を計算する以下の計算式が出てくる．

$$x(t+\Delta t) \fallingdotseq x(t)+x'(t)\Delta t$$

速度 $x'(t)$ に関しても同様に考え，さらに運動方程式 $f = m\cdot x''(t)$ を踏まえると（f は力，m は質量），以下の計算式となる．

$$x'(t+\Delta t) \fallingdotseq x'(t)+x''(t)\Delta t = x'(t)+\frac{f}{m}\Delta t$$

このように，シミュレーションの刻み幅 Δt ごとに速度と位置を更新していく数値解析の手法を（前進）オイラー法（forward Euler method）と呼ぶ．オイラー法は誤差が大きいが，何より処理が単純であるため，精度が求められない用途で用いられている．

前節で解説したジャンプの座標計算は，1/60 秒という時間間隔で速度を加速度で更新し，位置を速度で更新するというアルゴリズムで，まさに，このオイラー法であった．

ゲーム内での物理シミュレーションを行う目的は，ゲームを遊ぶプレイヤーがゲーム世界の動きを予想できるようにすることにある．現実の物理挙動と似た動きをゲーム内のキャラクターがすることで，現実世界を生きている我々が備える未来予測の力をゲーム内でも適用できるようになり，ゲーム内で思い通りに行動できるようになる．

それを突き詰めるのであれば，さらに精度の高い手法を模索することにも意味がある．Δt の高次の項まで計算すればよいようにも思えるが，しかし，一方で計算コストは増やしたくない．精度が高く，計算コストが少ないなど

という都合の良い話があるのだろうか.

5.2.2 ベルレ法

さきほどのテイラー展開を $x(t-\Delta t)$ で実施してみよう.

$$x(t-\Delta t) = x(t)-x'(t)\Delta t+\frac{1}{2!}x''(t)(\Delta t)^2-\frac{1}{3!}x'''(t)(\Delta t)^3+\cdots$$

これを $x(t+\Delta t)$ のテイラー展開の式と加算すると以下が導出される.

$$x(t+\Delta t)+x(t-\Delta t) = 2x(t)+2\cdot\frac{1}{2!}x''(t)(\Delta t)^2+2\cdot\frac{1}{4!}x''''(t)(\Delta t)^4+\cdots$$

運動方程式から $x''(t) = \frac{f}{m}$ であり,一様な重力加速度を仮定する場合は $x(t)$ の 3 次微分以降は 0 であることから,以下の計算式が導かれる.

$$x(t+\Delta t) = 2x(t)-x(t-\Delta t)+\frac{f}{m}(\Delta t)^2$$

$x(t-\Delta t)$ という 1 ステップ前の位置を覚えておき,再利用することで,速度の項が消え,1 次の項の計算が不要となっているのがポイントである.これをベルレ法(Verlet integration)という.

f が一定の場合,$\frac{f}{m}(\Delta t)^2$ は定数となるため,1 ステップの計算では,2 を掛けて,減算と加算を 1 回ずつ実行すればよい.

2 進数の世界であるコンピュータでは,2 を掛けるというのはきわめて簡単な演算となる.我々が 123 の 10 倍を即答できるのと同じく,2 進数で 2 倍するという操作は,末尾に 0 をひとつ加えるだけだからである.加算と減算も基本演算であり,コストは低い.

計算コストの観点では夢のようなこの計算式で,ジャンプの軌道を表計算ソフト上で計算したのが図 5.1 である.比較のために,オイラー法での軌道も載せた.

オイラー法では少しずつ誤差が蓄積していっているのに対し,ベルレ法は解析的手法で求めた真値からほぼずれていない.これまで見てきたとおり,力が一定の場合,ベルレ法の誤差は $x(\Delta t)$ のコンピュータ上での値と真値との差に起因するものだけだからである.

ベルレ法で消えた速度は,実際にはベルレ法での初期値として与えられる

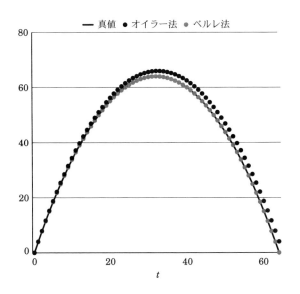

図 5.1 ジャンプの軌道の比較

$x(0)$ と $x(\Delta t)$ の差に内包されている．時刻 0 での初期位置と初期速度から動きをシミュレーションしたいという一般的な要請においては，

$$x(\Delta t) = x(0) + x'(0)\Delta t + \frac{1}{2} \cdot \frac{f}{m}(\Delta t)^2$$

という計算式で $x(\Delta t)$ を求めることでベルレ法の初期値とする．

このときに $x(\Delta t)$ が十分な精度でコンピュータ内で表現できていないと，その後のベルレ法の計算結果にも誤差が伝播していく．逆に言えば，パラメータを調整し，$x(\Delta t)$ を誤差のない値で設定してしまえば，力が一定の環境においては，ベルレ法は完全に誤差のない値を計算する手法となる．

また，力が一定ではない環境においても，ステップごとに発生する真値との差が $(\Delta t)^4$ のオーダーであるベルレ法は，誤差の少ないシミュレーションを可能とする．

原点と質点とがバネで繋がっている単純な単振動モデルをオイラー法とベルレ法とでシミュレーションした結果を**図 5.2**（次ページ）に示す．

ベルレ法では安定した単振動を保っているが，オイラー法では誤差が直ち

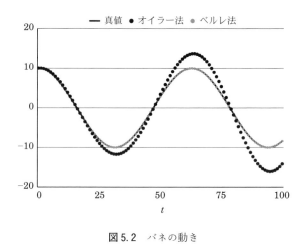

図 5.2 バネの動き

に蓄積し，振幅が発散していってしまう様子が分かる．

5.2.3 手法の選択で理解が問われる

このような，位置によって力が決まる，つまり関数として力場が定義されるような状況でのシミュレーションでは，さらに誤差のオーダーの低いルンゲ－クッタ法 (Runge-Kutta method) も有用であるが，1 ステップの計算コストは大きく上がる．また，速度を保持する必要のないことが利点のベルレ法であったとしても，実用上は衝突時の処理などで速度が必要になり，同時に速度計算も行うケースが多い（速度ベルレ法）．

繰り返しになるが，ゲームは計算コストとの戦いでもあった．さまざまな数値解析の手法の中から，そのゲームで必要とされているシミュレーション精度を実現できる手法を選び，計算コストを最小に抑えるということは，各手法の本質的な理解を必要とすることであり，数学の素養が求められることとなる．

5.3 ブレゼンハムのアルゴリズム

「8-bit」の時代や，そのあとに続く「16-bit」の時代には，数式を変形して，

Chapter5 「8-bit」の動きの計算　　　　　　　　　　　　　　　　　　57

整数演算に落とし込むことが重要であった．その代表例として，ブレゼンハ
ムのアルゴリズム(Bresenham's line algorithm)がある．

　画面上で座標 (x_0, y_0) から座標 (x_1, y_1) に線分を引きたいとする．$\Delta x = x_1$
$-x_0$, $\Delta y = y_1 - y_0$ とおいたとき，普通に考えれば，以下の直線の式で座標を
計算すればよい．

$$y = \frac{\Delta y}{\Delta x}(x - x_0) + y_0$$

しかし，この式には大きな問題がある．そう，$\frac{\Delta y}{\Delta x}$ は小数であり，かつ，その
掛け算をしないと座標が出てこない．お分かりだろうか，小数の掛け算であ
る！　これを整数の加減算だけで実現するのがブレゼンハムのアルゴリズム
である．

　最初にその擬似コードを示そう．x_0, y_0, x_1, y_1 はすべて整数とする．$\Delta x, \Delta y$
は前述の定義通りである．簡単のために $0 \leqq \Delta y \leqq \Delta x$ を仮定する(一般化に
ついては後述する)．誤差を管理する変数を e とおく．

1. 初期値として x に x_0，y に y_0，e に Δx を代入．
2. 座標 (x, y) に点を打つ．
3. e から $2\Delta y$ を減算．
4. e が 0 未満だったら，y に 1 を足し，e に $2\Delta x$ を加算．
5. x に 1 を足し，x_1 を超えていなければステップ 2 に戻る．

　このステップを踏めば，整数の加減算のみで画面上に線を引くことができ
る．Δx を 10，Δy を 7 にした際に画面に打たれた点を**図 5.3**(次ページ)の黒
点で示す．

　x を 1 ずつ増やしながら，そのときに y を 1 増やすべきかどうか判断する，
というアルゴリズムであるために，前述の通り傾きが 0 以上 1 以下という制
約がある．しかし，x と y の正負の反転，および x と y の入れ替えを行うこ
とにより，任意の直線にこのアルゴリズムを適用することが可能である．

　簡単にアルゴリズムの解説を行おう．行いたいことは，x を 1 ずつ増やし
ながら，そのときの y の値を一番近い整数値に丸めて点を打つことである．

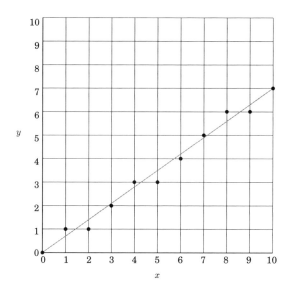

図 5.3 ブレゼンハムのアルゴリズム

　まずは小数演算を用いるアルゴリズムを考える．真なる y の値から丸めた整数値を引いた差分値を格納する変数 error を用意する．error は最初は 0 である．x を 1 増やした際に，error に線分の傾き $\frac{\Delta y}{\Delta x}$ を足して，それが 0.5 を越えたら y を 1 増やし，error から 1 を減らす．これを x_0 から x_1 まで繰り返せばよい．error は -0.5 より大きく 0.5 以下である値をキープするが，これは各 x に対して適切な格子点に点を打てていることを表している．

　これを整数演算化したい．そのためには error に関わる値すべて $2\Delta x$ を掛ければよい．さらに error を 0 から足していくのではなく，引いていって 0 未満を目指す形に書き換えると，上に示したアルゴリズムとなる．

　なお，0 に向かって引いていくのは，減算の結果 0 未満になったかは繰り下がり処理用の機能で機械語上はノーコストで判定できることが多いためである．

　また，ここには記載しないが，ブレゼンハムのアルゴリズムの一種として，巧妙に整数演算を構成することにより，360 度どの方向に向かっても同じループ処理の繰り返しでラインを引ける方法もある．そこまでやらずとも，正

負の傾きに関しては，y 軸の加算値を $+1$ か -1 かで切り替えることで多くのコードを共通化できる．

しかし，実用上は $x_0 \leqq x_1$ になるように始点と終点を交換した後に，線の傾きに応じて愚直に 4 種類のループ処理に分岐していたのではないかと思われる．というのも，当時は機械語に 1 だけ加算あるいは減算する専用命令が存在し，これを使用するのが最速だったためである．ラインを引く場合は 1 本の描画で数百回もループが回ることになるため，数クロックの無駄も惜しかった．

さらに極まった話になると，1 ピクセルずつループするブレゼンハムは遅いという話にも繋がっていくが，これ以上の最適化は読者の皆さまの研究課題としたい．

まとめると，ブレゼンハムのアルゴリズムは，整数演算のみで，任意の傾きの直線をトレースできるアルゴリズムであった．これはラインを引くのみならず，斜め移動を処理するケースでも活用が可能である．処理だけ見ても意味が分からないこうしたアルゴリズムを導くためにも，数式を操る力は必要とされている．

5.4
まとめ

1981 年リリースのアーケードゲーム機『ドンキーコング』(任天堂)の開発者の回想録において，ジャンプの座標計算方法として紹介されていた手法は，ベルレ法そのものであった[16]．それをもとに，マリオのジャンプはベルレ法で計算されていると紹介されることもある．実際には，マリオと聞いて最初に想像される『スーパーマリオブラザーズ』(任天堂)は，開発者が異なり，実装もまるで違うため，誤解を招く表現になってしまうだろう．

『スーパーマリオブラザーズ』を実際に解析した記事によれば，マリオのジャンプは固定小数点数を使ったオイラー法であったようである[17]．しかし，詳細に見ていくと，ジャンプの上昇中と下降中，あるいはジャンプボタンを放す前と放した後で加速度が変わる．上に行きたいと思っている間はふんわり上昇し，降りるときはストンと落ちる．それがゲームとしての手触りの良

さに繋がっていく.

このように，物理法則をどこまで忠実に再現し，どこから嘘をつくかというのは，ゲームを作る上で大きなポイントとなる.「8-bit」時代の2Dのマップ上をドット絵のキャラが動いている間は，物理法則を完全に無視しても成立していた.しかし，近年の3D空間上での写実的なグラフィックスのゲームにおいて，作り手の意図なく物理法則を無視した動き方をしていると，ただリアリティを損なうだけとなってしまう.

繰り返しとなるが，ゲームとは，作り手と遊び手の間でインタラクティビティへの合意を取ったシミュレーション空間である.現実の物理法則というのは，合意が取りやすいポイントであり，マリオのジャンプが万人に受け入れられているのも，加速度が頻繁に変わるとはいえ，部分部分では物理法則のシミュレーションを正しく行っているためと言えよう.

「8-bit」の時代は，CPUの制約でリッチな演算を行うことはできなかった.「8-bit」のゲームは各種の制約の中で，いかに説得力のある世界を作り上げるのかという挑戦の産物であり，今でも多くのファンの心をつかんでいる理由のひとつはそこにある.

「8-bit」のゲームを遊ぶ際には，キャラクターの動きが整数演算のみでどのように計算されているのか，ぜひ想像を巡らせてみてほしい.

5.4.1 付記：Δt に関する補足

「8-bit」の時代はΔt，すなわち画面更新の間隔は約16.7ミリ秒が一般的であった.これは，映像出力に使っていたテレビの画面更新頻度によって規定された数値である.当時，日本や北米で利用されていたカラーテレビの映像信号規格のNTSCでは毎秒29.97回画面を更新し，また1回の画面更新で走査線の描画が上下に2周するインターレースと呼ばれる手法を採用していたことから，29.97の2倍である59.94 Hzがゲーム機の画面更新頻度として採用されていた.日本製の「8-bit」のゲームは，これを想定して作られている.

しかし，欧州で採用されていた映像信号規格PAL用のゲーム機の画面更新頻度は50 Hzだったのであった.つまり，Δtが20ミリ秒である.これにより，何が起こったか.

オイラー法の $x(t+\Delta t) \fallingdotseq x(t)+x'(t)\Delta t$ の式を愚直に実装していれば問題はない．しかし実際には，定数 Δt は速度や力の定数値に事前に掛け合わされて吸収されてしまっており，コード上には登場しない．

その結果，日本製のゲームを欧米に輸出した場合，ただ単に動きが 20% 遅くなるというゲームが続出した．ゲーム開発者の友人たちに当時の思い出をヒアリングしたところ，実際に「PlayStation 2」(ソニー・コンピュータエンタテインメント)の時代になっても Δt の調整をせずに欧州にリリースしていたと，複数の証言をいただいている．

そんな中，『スーパーマリオブラザーズ』は NTSC 版と PAL 版でジャンプの挙動がほぼ変わらないのはさすがである．オイラー法の加速度パラメータを Δt の変更に合わせて調整したものと思われる．

なお，現在では欧州でも基本的にはテレビが 60 Hz の画面出力に対応しているため，この問題はほぼ解消している．

さらにいえば，Δt を固定値で設計する固定フレームレートは，すべてのプレイヤーが同一性能の機械上でゲームを動かすことを暗黙に仮定している．これはゲーム専用機の考え方であり，PC やスマートフォンなど多様な実行環境にはそぐわない．こうした PC ゲーム文化圏では Δt は性能や処理負荷によって動的に変化する可変フレームレートで処理することが一般的であり，その影響もあって，家庭用ゲーム機でも可変の Δt に対応した実装が増えてきている．さらには，120 Hz や 240 Hz のディスプレイも登場してきており，ますますゲームの 1 フレームの処理に与えられる時間は短くなるばかりである．

Chapter 6

デジタルゲームの時間と空間

デジタルゲームにはさまざまな数学が宿っている．開発者が自覚的に使っている場合もあれば，知らずに使っている場合もある．ライブラリや API には純粋な数学の原理が実装されていることが多い．デジタルゲームはソフトウェアであり，巨大な階層的なアーキテクチャを持ち，その基本層はそのようなライブラリや API からなる．「時間と空間」は数学と物理学の深遠なテーマの一つである．デジタルゲームを作ることは，新しい時空間の創造であり，かつ，それをユーザーに体験させることである．デジタルゲームはシミュレーション技術を多く含むが，純粋なシミュレーション空間ではない．なぜなら，現象を正確にシミュレーションすることよりも，ユーザー体験の創造に重きを置くからである．デジタルゲームはユーザーの体験を中心に組み上げられたインタラクティブなシミュレーション空間である．本章では，デジタルゲームの基本的な数学・物理学的なフレームワークにフォーカスして，デジタルゲームの時間・空間構成に宿る数学について解説する．

ここで本稿に用いる用語の定義をしておく．「オブジェクト」と言った場合，ゲーム内の物体，キャラクターの身体など物理的存在を意味する．「キャラクター」と言った場合，登場人物やモンスターなどを意味する．

6.1
デジタルゲームの時間・空間

デジタルゲームは擬似リアルタイムで駆動している．つまり通常ゲームは 1/60 秒，あるいは 1/30 秒ごとにゲーム画面を更新する．多くの場合，この画面のアップデートに同期させて，ゲーム状態も更新する．たとえばユーザーのコントローラ入力を検知すれば，その入力は 1 フレーム（1/60 秒）のうち

に反映される，つまりコントローラの A ボタンを押すとキャラクターがジャンプする，B ボタンを押すとダッシュする，などである．また，キャラクターが外力を受けた場合にも，その反映は 1 フレーム（1/60 秒）のうちに反映される．

「2D ゲーム」と言った場合，2 次元平面でゲームが行われることを意味し，「3D ゲーム」と言った場合，3 次元空間でゲームが行われることを意味する．ほとんどの場合，デジタルゲームはデカルト座標が導入できる空間で展開される．微分可能多様体としてはいろいろな構造を持つ空間が考えられるが，デジタルゲームが採用する空間はほぼ平坦な 2 次元，3 次元ユークリッド空間である．一見，歪曲している空間であってもグラフィックスの処理で行っている場合がほとんどである．物理的運動はニュートン力学を用いる場合もあれば，独自の物理を用いる場合もある．しかし基本的に剛体物理を基本とするシステムの上に，アレンジが加えられている．これらは「物理エンジン」と呼ばれる物理シミュレータの上に，重力定数や反射係数のようなパラメータを変化させることで実現されている．

もちろんゲームによってさらなるアレンジが加えられる場合がある．流体力学の簡単なシミュレーションを導入する場合や，球面上のゲームプレイ空間でレーシングゲームを作る場合もある．画面はなく音だけで構成されるゲームもある．

6.2
デジタルゲームの 3 つの階層

デジタルゲームには 3 つの階層がある．ゲーム・ダイナミクス層，描画層，そして人工知能の層である（**図 6.1**，次ページ）．いつもこのような階層を考えるというわけではないが，本章の説明のために，最もわかりやすい構造として述べるものである．

ゲーム・ダイナミクスの層は，そのゲーム特有の仕組みや物理エンジンの仕様などゲームの本質と言ってよい部分である．ゲームの面白さを決めると言ってよい．次に，描画層はユーザーに向かって画面を作る層である．ゲーム・ダイナミクスによって形成されたゲーム世界をユーザーの目と耳，ある

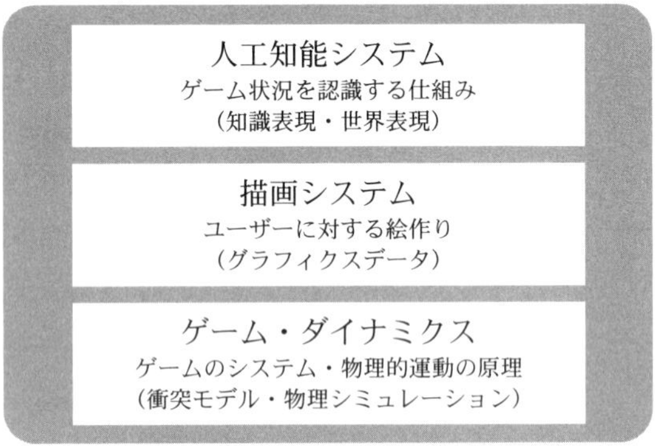

図 6.1 デジタルゲームの構成

いは振動などを通して伝える．最後に，人工知能の層は，ゲーム内の人工知能がゲームで今，起こっていることを認識し，ゲームに変化を及ぼす層である．それぞれの層は独自のデータ構造とアルゴリズムを持っている．以下，第 6.3 節ではゲーム・ダイナミクス，特に近年の 3D ゲームに共通の数学・物理学の実装について扱う．第 6.4 節では描画の仕組みについて，第 6.5 節では人工知能の層について解説する．

6.3
オブジェクトの物理的運動

デジタルゲーム内のオブジェクトの物理的運動は，1980〜90 年代は，それぞれのタイトルごとの独自の物理ダイナミクスが実装されていたが，2000 年代以降は徐々にニュートン物理学，剛体物理をシミュレーションした物理エンジンを用いることが主流となってきた．後者においてはニュートン力学の基本的な速度・加速度に関する公式を用いるのが普通である（**図 6.2**）．たとえば，市販のゲームエンジンではデフォルトであらかじめ物理エンジンが実装されている場合が多い．また有料・無料の物理エンジンがいくつか存在する．

ここで重要となるのは，時間ステップ幅である．オブジェクトの物理運動には力学方程式を差分化した方程式を用いる．コンピュータ上では本当に連

Chapter6 デジタルゲームの時間と空間

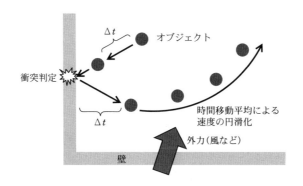

図6.2 オブジェクトの物理的運動

続なシミュレーションは実現し得ないので，タイムステップによるシミュレーションとなるが，ゲーム開発者はさまざまなところで，連続と離散の違いを体験することになる．最も初歩的なところでは壁抜けである．キャラクターが高速で壁面に突入する場合，壁との当たり判定が機能せずに突き抜けてしまう現象である．これは衝突判定を行うかどうかの判断ルーチンが十分でないために起こる．移動する球体のオブジェクトと静止した平面の壁との衝突判定であれば，直前の球体の中心点と現在の中心点とを結んだ線分と壁との交差判定を行えば壁抜けしない衝突判定が可能となる．しかし，形状が複雑なオブジェクトや壁面に対して正確に衝突判定を行おうとすると計算負荷が高まってしまうという正確さと負荷のトレードオフがある．

このフレームとフレームの時間間隔はΔ（デルタ）タイムと呼ばれる．基本的にはそれぞれのフレーム内で処理を行えばよいが，単に連続的な物理を離散シミュレーションにすれば済む，という話でもない．たとえば，キャラクターが重力や衝突によって外力をかけられたときに，そのフレーム内で加速度と速度を変えてしまうと，キャラクターの動きが不自然にカクカクすることがある．そこで，それぞれのフレームの速度変化を計算しつつ，実際はその前の数フレームの時間移動平均を計算することで滑らかな速度変化を実現する，などの方法がある．

6.3.1 3次元空間におけるオブジェクトの移動

ゲームの3次元空間におけるオブジェクト(物体)の移動は，回転と平行移動からなる．つまり合同変換によって座標が変化する．たとえば，ゲームカメラを回した場合には，すべてのキャラクターの頂点に回転行列を施す．回転行列は特殊直交群 $SO(3)$ を構成するので回転操作を重ねても同じく回転行列である．ところがゲームでは，ある軸を基にした回転操作をする場合が多い．

この回転計算のためにクォータニオン(四元数)を採用する．3次元空間内の軸，単位ベクトル $\boldsymbol{n} = (n_x, n_y, n_z)$ を軸として，位置ベクトル $\boldsymbol{r} = (r_x, r_y, r_z)$ を角度 θ 回転させることを考える．軸 $\boldsymbol{n}$ のクォータニオン表現を $\tilde{\boldsymbol{n}}\,(= n_x i + n_y j + n_z k)$ として軸 $\boldsymbol{n}$ 周りに回転を行う作用のクォータニオン表現は，

$$q = \cos\frac{\theta}{2} + \tilde{\boldsymbol{n}} \sin\frac{\theta}{2}$$

と書ける．$\tilde{\boldsymbol{r}} = w + r_x i + r_y j + r_z k$ (w は実数)を変換を受ける座標として $\boldsymbol{n}$ 軸を中心に θ 回転する作用は $\widetilde{\boldsymbol{R}} = q\tilde{\boldsymbol{r}}q^*$ である (q^* は q の共役)．実際は，このクォータニオンの作用を行列表現に直した行列によって計算される．

ほとんどの場合，クォータニオンの計算は3Dライブラリの中に格納されており，エンジニアが一から作ることはほとんどない．ライブラリを使用す

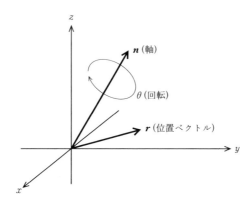

図 6.3　軸周りの回転

る側は単にクォータニオン関数に軸ベクトルと回転角を指定することで用いることができる利点がある．

6.3.2 衝突モデルによる衝突計算

ゲーム画面上で，オブジェクトは複雑な見かけをしており，現在のハイエンドゲームの平均ポリゴン数は数百万以上である．これらのハイグラフィックスはそのまま衝突計算で用いるには細かすぎる．そこでオブジェクトを囲う直方体などのシンプルな形状で囲われたモデルを用いて，衝突計算を行う．このモデルのことを「衝突モデル」(Collision Model) という．カジュアルには「当たりモデル」と呼ばれる．たとえば二体のキャラクターが格闘技をしているゲームがあるとすると，キャラクターの身体部位に沿った衝突モデル，剣やナイフなどのオブジェクトの衝突モデル，さらにキャラクターと地面の衝突を行うための地面の衝突モデルがあり，その衝突による力の応答が擬似リアルタイムに計算される（図 6.4）．

衝突計算は多くの場合，直方体と直方体などピンポイントの衝突であり，最適化された高速なライブラリが用意されている．一方で，このような衝突計算は面と面の接触計算が苦手である．面と面の接触は不安定であり，たとえばブロックにブロックを重ねるように2つの衝突モデルが面と面でぴった

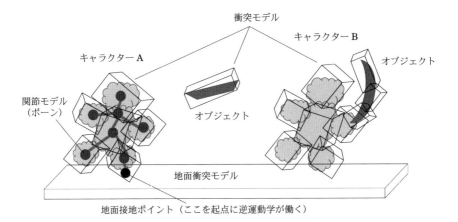

図 6.4　キャラクター，オブジェクト，地面の衝突計算

りと合っていたとしても，少しの計算誤差で衝突判定となってしまい重なりが崩れてしまう．また1フレームの中で複数の外力が積算されることで，物体が物凄い勢いで吹っ飛ぶ現象（バグ）というのは，このような衝突計算の誤差によって起こる．また，複雑な形状と形状の触れ合いには，位置合わせが重要である．例えば2人のキャラクターが握手をする，お箸を使って食事をする，動物の毛皮を自然に撫でる，というのは難しい位置問題である．またキャラクターと地面・道具の接触点においては，その点を束縛点とした間接の制御が行われる．例えば，地面と足の接触点を固定して，膝の関節点の計算が行われる，などである．この計算はインバース・キネマティクス（逆運動学）計算と呼ばれる．

6.4
描画のための3Dカメラ

3Dゲームにおいては，立体空間上の一点から見た風景を，平面のディスプレイに描画する必要がある．3次元空間内で仮想的なカメラを設置するため，その一点はカメラ位置と呼ばれる．カメラは自在に動き回り，ゲームを演出する要素である．「カメラAI」という言い方もされることがある．同じシーンでも，どの角度から見せるかによって印象が大きく異なる．3Dゲームにおけるカメラは物言わぬ演出家でもある．プレイヤーの進行において，さまざまなカメラが使い分けられる．

カメラが切り取る四角形のウィンドウはスクリーン（投影面）と呼ばれる．これがユーザーに見せるゲーム画面である．カメラの設定には基本の4つのパラメータがあり，最初の2つはこのスクリーンの縦横のピクセルサイズを指定する．これはカメラの画角を決めるのと同じである．次にカメラの視点からスクリーンまでの距離，もう一つは遠景までの距離である．前者はニア（Near），後者はファー（Far）と呼ばれる．このファーとニアに挟まれる四角錐台に空間に存在するオブジェクトをスクリーンに投影することによってゲーム画面が形成される（図6.5）．四角錐台に含まれるオブジェクトの像がスクリーンに向けて投影される．四角錐台の底に当たるファーの四角形の一点とカメラを結ぶ光線とスクリーンが交わる点（ピクセル）に，スクリーンに最

Chapter6 デジタルゲームの時間と空間

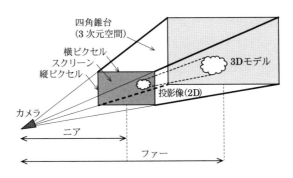

図6.5 カメラと四角錐台

も近いオブジェクトの色の像が結ばれる．これは簡単な行列計算によって射影を行うことで実行ができる．これが最もシンプルなグラフィックスの原理であるが，愚直にスクリーンの各点ごとに光線の計算（レイトレース）を行うと負荷が高い．そのため，オブジェクトの形状を三角形の集合として表現し，三角形単位でスクリーンへの描画を行うことが一般的である．このときに，各三角形に質感情報や反射情報などの情報を付与することで，よりリッチなグラフィックス表現を実現している．

通常スクリーンは，左上を原点としてx軸を右向き水平に取り，y軸を下向きに垂直に取る慣習となっている．すなわちほとんどのプログラムはこのようなスクリーン座標系を基準に設計される．このスクリーンを更新することで，そのスクリーンがゲーム画面となり，スクリーンスペースを更新することでゲームが動き出すのである．通常スクリーンは，前述したように1秒間に60回，あるいは30回更新することでゲームが進行する．そのため，人間の目にはなめらかに動いているように見える．

6.4.1 GPUによるハードウェア・アクセラレーション

このようにデジタルゲームでは4次元の行列計算が膨大に発生する．その数はおおよそゲーム内で処理する頂点の数に比例する．この処理をGPU（Graphic Processor Unit）を用いて高速化することで，デジタルゲームはより高速に精緻なキャラクター・背景・世界を構築することが可能となる．

GPU は種類にもよるが数百〜数千のコア（計算を実行する場所）を持ち，それぞれのコアで行列計算を行うことが可能である．CPU は現在数コア〜数十コアが通常であるが，GPU は数百から数千のコアを持つ．GPU のコアの速度は同世代の CPU より劣るものの，一斉にコア数分の行列計算を行うことで全体として計算を飛躍的に高速化することが可能である．ゲーム機やゲーミング PC には GPU を掲載したボード（グラフィック・ボード）が搭載されており，このボードの選択が性能を左右する．また GPU を一般的な用途で用いることを GPGPU と言うが，最近では，ディープラーニングの計算や仮想通貨のマイニングにも用いられている．

6.5
人工知能のための基本システム

上記で見たように，デジタルゲームには第一のデータとしてその世界を表現するグラフィックデータ，第二のデータとして物理的インタラクションを行うための衝突モデル，さらに，第三のデータとして人工知能のためのデータ表現がある．この第三のデータ表現は，人工知能が環境を認識するためのデータである．ここで言う環境とはゲームの地形やオブジェクトからなるマップの状態である．

デジタルゲームの人工知能にはゲーム全体を認識・コントロールする「メタ AI」(Meta AI)，キャラクターの頭脳である「キャラクター AI」(Character AI)，ゲームの地形環境を解析する「空間 AI」(Spatial AI)の 3 種があり，これらの連携が一つの AI システムを形作る[20]．メタ AI はゲーム全体の状況を把握し，キャラクター AI はキャラクター周囲の環境を認識し，スパーシャル AI は地形の特徴を把握する必要がある．それぞれの人工知能はそれぞれのスケールと時間幅で環境を認識する必要があり，そのためのデータ表現は広い意味では知識表現(KR, Knowledge Representation)と呼ばれる．たとえば，ゲーム内に存在するオブジェクトにはキャラクターがそのオブジェクトを利用するために必要なデータが内蔵されている．たとえば，「動かせる」「壊せる」「これを押すと扉が開く」などのデータである．このデータを用いてキャラクターは自らの行動を組み立てることになる．またオブジェ

クトではなく，マップ全体を把握するためのデータを世界表現（WR, World Representation）と呼ぶ．世界表現はグローバルなマップのための知識表現であり，その基礎はナビゲーション・データである．ナビゲーション・データは地形を人工知能が理解するための基本的なデータ構造であり，代表的な形式としてナビゲーション・メッシュ（Navigation Mesh）が挙げられる．メッシュではなく点によって地形を覆う場合は，ウェイポイント・グラフ（Waypoint Graph）と呼ばれる[19]．

6.5.1 ナビゲーション・データ

人工知能が地形を認識する基本となるのは地形の衝突モデルに沿って構築されるナビゲーション・データである．地形の連続的なつながりを把握するために，地形に沿ってポリゴンを連結したデータが必要となる．これは前述したようにナビゲーション・メッシュと呼ばれる（**図 6.6**）．ナビゲーション・メッシュはネットワーク・グラフ（Networked Graph）の一種であり，このグラフ上で最小コスト探索を行うことにより経路探索を行う．探索アルゴリズムは，ダイクストラ法（Dijkstra's algorithm），あるいは，A*探索法（A* algorithm）を用いるのが普通である．キャラクターは発見された経路に従って移動することで，マップの端から端まで，長距離を移動できることになる．またこのナビゲーション・メッシュに，各場所の地形的な性質，たとえば地

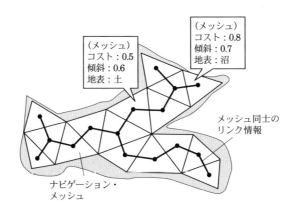

図 6.6 地形とナビゲーション・メッシュ

表情報，傾斜などを付与することで環境に対する知識を表現する．このような地形の性質を経路探索に加味する（泳げないキャラクターは水辺のコストを高くするなど）ことで，より「賢い経路探索」を実現する．実はこういった経路探索が用いられるようになったのは，3Dゲームが台頭した1994年以降であり，それ以前にはキャラクターはマップに引っ掛かることが多かった（引っ掛かると画面からフェードアウトするので，別の場所に再び発生させていた）．2000年代後半には多くのゲームで標準的に使われるようになった．

　経路探索の導入で問題になるのは，ナビゲーション・メッシュデータの製作である．現代のゲームのマップは複雑かつ広大であるために，ナビゲーション・メッシュは地形の衝突モデルから自動生成する必要がある．マップの形状に沿って連結したある程度一定のメッシュを形成することは，複雑な地形の場合には細長い三角形ファンが大量に発生する問題など，それぞれの地形による特有の問題があり難易度が高い．また三次元移動を伴うロボットゲームなどでは，ナビゲーション・ボリュームとして空間にある程度一定の直方体を敷き詰めつつ，大きな領域をまとめていく焼きなまし法が用いられる[21]．

6.5.2 トポロジー検出

　さて，このような経路探索は地形全体の形状を把握するためにも有用である．たとえば，ある地形上に6個の基地があったとしよう．もし全体の地形がまったくの平坦であれば，それぞれの基地の間の距離はユークリッド距離になる．しかし山脈や湖や崖などがある場合には，迂回せねばならず，一見近そうに見える場所でも長距離である場合がある．各基地間の経路探索を行うことによって，基地間の道のり距離と最小コストのパスの形状を知ることができる（**図6.7**）．パスの形状の集合から，マップ全体に渡るトポロジー情報が得られる．このように，デジタルゲームにおいて経路探索は，マップのトポロジーを把握するために用いることができる．このようなトポロジー情報を持つことによって，キャラクターは戦略的に基地を利用できるようになり，メタAIは全体を俯瞰した命令を与えることが可能となる．

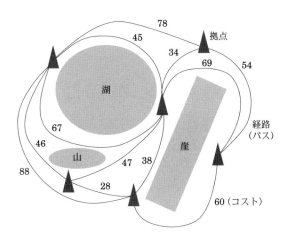

図 6.7　経路探索によるマップのトポロジーの認識

6.6
まとめ

　本章では，デジタルゲームの基礎にある数学・物理学の応用について解説した．数学・物理学は，何千年にも渡ってこの世界の原理を解き明かしてきた．デジタルゲームは逆にその原理を応用することで，コンピュータの中に人間がインターフェースを通して活動できるもう一つの宇宙を作り出そうとしている．本章では多くのゲームに共通するフレームワークを紹介したが，一つ一つのゲームは，それぞれ特有の原理があり，それぞれ固有の宇宙である．また最近ではゲーム性を中心に置かないデジタル空間としてメタバースが台頭している．

　現代における，そして人間における「時間と空間」は変容の一途をたどっている．かつて時間も空間も，現実世界の時空間を意味していた．しかし，現代では，デジタルゲームのように新しい空間をデジタル越しに提供する可能性が拓けている．そのために必要なのは実際の土地ではなく，計算資源と通信ネットワークである．その上に支えられたデジタル空間は，現実世界との関わりを深くする中でもう一つの新しい現実になろうとしている．その世界を構築する原理は数学・物理学の中にある．

Chapter 7

デジタルゲームに必要な数学とは？
／株式会社セガ開発技術部・山中勇毅氏インタビュー

山中勇毅
やまなか・ゆうき

株式会社セガ開発技術部システム開発課課長．1994年，株式会社セガ・エンタープライゼス（現・セガ）に入社．入社以来，主に，ゲームアプリケーション開発の技術支援を行っている部署で開発支援の業務に従事．

7.1
物理の研究者の卵からゲームの世界へ

三宅●山中さんは物理のご出身と伺いました．
山中●学部と大学院はずっと物理で，分野的には「重力理論」とか「素粒子理論」といった理論物理系だったので，数学は商売道具というか…．昔は研究者を目指していて，数学は割と真面目に取り組んでいたのが今につながっているのかなと思います．

三宅●理論物理だったのですね．卒業時にそのままセガに入られたんですよね．

山中●そうなんです．本当は博士課程まで進んだのですが，実は博士論文を書かずに出てきちゃったという極悪非道な(笑)．

清木●入社当時は，セガはどういう状況だったのですか？

山中●ちょうど「セガサターン」のハードウェア開発がほぼ終わりの頃に入社して，ハードウェア開発部門の中に配属されました．当時は，アプリを書く人が下から上まで全部書く*1 という時代のちょうど最後の頃でした．サターンの頃から分業が進みはじめ，ドライバーはハードウェアチームの中にソフトウェア屋さんを作ってそこでやりましょうという形で，ちょうど転換期の頃に入社したのです．なので，ずっとハードウェア周りのドライバーやライブラリなどをやってきたという感じですね．

清木●まさに家庭用ゲーム機が 3D にシフトしていく混乱期を目の当たりにしながらいらっしゃったということですね．

山中●サターンは 3D と言ってもなんちゃって 3D で，2D の化け物マシンというか，2D では当時の最高スペックのもので，なおかつ 3D もできますよというマシンなんです．アーケード機のほうが少し早いのですが，本当の 3D は「Dreamcast」からです．とはいえ，私は実はグラフィックスやサウンド以外のソフトウェア全般，いわゆる OS の方を業務としては担当するという形でした．

　なので，近年になってグラフィックで必要な「クォータニオン(四元数)」などを社内勉強会で教えることになったわけですが，実はクォータニオンは普段の業務では使わなかったです．そもそも，物理出身からすると長さ1のクォータニオンは $SU(2)$ というリー群で，物理の言葉では「スピノル」という形で理解していたというか…．隣でグラフィックチームがクォータニオンを使ってるのを見ても，「$SU(2)$ のことだよね」くらいにしか思っていなかったのです．でも，いざ教えるとなったら，まさか量子力学の話から始める

---

*1　当時は，ハードウェアを制御する下位層から，OS 相当機能，そして，ゲームのルールや映像表現を記述する上位層までを 1 人のプログラマが担当することも珍しくなかった．

図 7.1 山中勇毅氏

わけにはいかないので（笑）．逆に自分でクォータニオンを勉強して 2 週間ほど格闘した結果，「ああ，そういうことか！」と分かったのが，ブログの導入記事の内容になりますね*2．

7.2
社内勉強会がきっかけで生まれたテキスト

三宅●山中さんが社内で数学を教える立場になったのは，どういうきっかけだったのですか？

山中●実は経営層から，「プログラマ育成の系統的なプログラムを考えろ」という指示が出たのです．僕らがいるのは社内の技術を統括している部署なので，そこで何をしようかケンケンガクガクと検討した結果，「基礎が重要だよね」という話になりました．プログラミング言語を教えようかという話にも

---

*2 「クォータニオンとは何ぞや？：基礎線形代数講座」（SEGA TECH BLOG）
https://techblog.sega.jp/entry/2021/06/15/100000

なったのですが，どの言語でも結局数学が出てくるので，「じゃあ数学の基礎をやろうか」ということになったのです．

三宅●ゲーム会社で数学の教育をする，というのはなかなか珍しいと思いますが．

山中●その昔，ハードウェアを直接叩いていた[*3]頃は，みんなが数学を自分で理解して実装して使うという時代でした．3Dの黎明期では，クォータニオンというか線形代数ですね．行列の回転の計算などを，みんな自分で理解して直接叩いていたのです．それがハードウェアが進化して，ソフトウェアも分業化・専業化が進んで，使う数学も高度になって，システムの方に組み込まれるようになった．一見すると数学を知らなくても何とかゲームを作れるのですが，与えられた機能を使ってもっとこういう表現をしたいとか，思ったように動かないときに何が原因なのかという切り分けをする際には，仕組みがわかっていないとできないじゃないですか．そういうときには，詳しい人にやってもらうという手もあるのですが，それだと結局成長できないし，「こういう新たな表現をしたい」という気持ちがあって，どうすればよいのか手探りの段階で，自分の技術力を支える一つの重要な柱は数学だよねと．だからやろうとしたわけです．

　行列に関して言うと，高校数学の学習指導要領から行列が消えて久しくて，線形代数は最近の若い子は大学に入って初めて習うんですよね．

清木●えっ，そうなんですね．

三宅●複素平面に変わったんですよね．でもやっぱり，エンジニアとしては明らかに行列の方が役に立ちますからね．

山中●高校で習うレベルだったら，複素平面として教えるか行列として教えるかは，どっちもやっていいと思うんですけどね．一方で，企業や社会からの要請の結果，高校で統計の学習に時間を取られているのですが，ちゃんとした統計をやろうと思うと線形代数や微積分がわかっていないと何もできないじゃないですか．線形代数は本当の基礎になっているので，それを知らな

[*3]　ライブラリやミドルウェアによる抽象化に頼らず，ハードウェアを直接制御するプログラムを書くこと．

いまま大学でいきなり行列が出てきて，みんな「何これ」ってなるんですよね．

清木●専門学校でも「Unity」などのゲームエンジンを使って3Dが作れるようになってはいますが，行列などの理屈がわからないままゲーム業界に入ってくる方もいますよね．

山中●それでは困るというか，言われるままに働くだけならばいいけど，そのままベテランになっていくと考えると，「それでいいの？」ということになるじゃないですか．プログラマ育成という観点でいくと，数学は重要な柱の一つだと思います．

三宅●もともと，この講座は社内レクチャー形式でやろうとしていたのですか？

山中●そうですね．テキストの作成も最初は社内向けということで作りはじめたのですが，あんな分量の内容をイチから全部書くつもりはありませんでした．ぶっちゃけ書くのに1年以上かかりましたからね（笑）．大学数学のテキストを丸々1冊分，民間企業で書くなんてあり得ないではないですか．でも社内で数学を教えようとなったときに，勉強会用に本質的な部分だけを抜き出して，コンパクトにわかりやすく解説した無料のテキストがあるのかといったら，そんな都合のよいものはどこにも存在しないのです．「だったら作る？」と発想するのが，うちの会社のおかしいところだとも思いますが（笑）．

そこで，実際にテキストを作り始めたわけですが，線形代数はとてもたくさんのことの集合体なのです．あれもこれも全部ちゃんと説明しないと繋がらないことは，やる前からわかってはいたのですが，書き始めたら本当にどの項目もどんどん太っていって…．最初は1章10ページくらい，全部で100ページもいかないつもりでいたのですが，今度は何を削るかの方が悩ましくなりました．そのため，完成したテキストのレイアウトもとても詰め込んだ感じになってしまいました．

清木●何を大切にしながら書かれたのですか？

山中●「本質は何か」ということでしょうか．一応，学び直しという立場ですので，行列の計算程度は知っていることを前提にしていますが，改めて「行

列って何?」とか,「実はこういう解釈ができるんですよ」ということを伝えて,読んでいて「ああ,そういうことだったんだ!」と読者が実感できることを大切にしました. 高校数学,幾何ベクトルの復習から抽象化されたベクトル空間,行列,線形代数へと自然に繋げていく形で,いったん要素をバラバラにして組み立て直すという作業を行っていきました.

清木●プロのエンジニアとしてゲーム会社に入社された方々に教えて,どうでしたか.

山中●参加必須ではなく希望者を募っての勉強会として行いました. 当初は多くても 10 数人くらいかと思っていたのが,40 人くらい来てしまいました. 勉強会への反応は人によって全然違いましたね.「難しい」「面白い」と二極化するような感じでした. でも,面白いと思ってくれる人が,最終的に使いこなせるようになってくれればよいなと思っています. 大学の講義でもそうだと思うのですが,授業を受けただけですぐ使えるようになるわけではないですよね. だからテキストが必要で,講義が終わった後も,復習して自分で納得いくまで理解する. そこがすごく大事なのです.

清木●最終的に,ブログでテキストを一般公開されたと思うのですが,業界的な反応はどうでしたか?[4]

山中●ゲーム業界からすると,クォータニオンなんていまさらで,みんな普通に使っているし…という感じでしょうね.「Unity」とか「Unreal Engine」とか,会社ごとのフレームワークで提供されている API(Application Programming Interface)[5]を使えば,(少し語弊がありますが)全然難しくないのです. ゲーム業界で,クォータニオンの API が使えない人はいないと思います. でも最初に話したように,使いこなそうとか,うまく動かないときの対処の際には,仕組みがわかっていないと厳しいのです. 例えば「球面線形補間」では,対蹠点を超えるところでひょろっと動くことがありますが,これが $SO(3)$ の二重被覆だと知識としては知っていても,その理屈をきちん

---

[4] ブログで一般公開された社内勉強会のテキストは,後に『セガ的 基礎線形代数講座』(日本評論社)として書籍化された.

[5] 異なるソフトウェアやアプリケーション間で機能を共有するための仕組みのこと.

とわかっている人は，ゲーム業界にあまりいないと思います．そういうことを「わかるように書く」のに，とても苦労しました．まさか，私が人に4次元の話をすることになるとは思ってもみませんでした．

三宅●市販の教科書では全然足りなかったということですよね．

山中●そんなことはないと思うのですが，二重被覆の説明を，あれほどわかりやすく書いているテキストは，世の中にないんじゃないかな．そういう意味では，市販のテキストにないものを書いた，というのはありますね．一方で，すごく簡単に「こういうものだよ」と解説している情報は世の中にたくさんありますが，その情報に深く突っ込んでいった「なんでそうなるの？」というところまでは書いていない．回転行列がなぜあの構造をしているのか，ローカル座標系とワールド座標系で行列の掛け算の順番がなぜ逆になるのか，数学的な説明をきちんとわかりやすく書いてあるものはあまり見かけません（少し応用的すぎるので仕方がないかもしれませんが）．入門的な線形代数でも，行列式の定義を例にとれば，置換を用いた「ライプニッツの明示公式」という形で行列式を習うと思うのですが，あれを見て最初は絶対に「何これ」って思いますよね（笑）．そうではなくて，連立1次方程式が解けるからこそ行列式が出てきたんだよ，というような順番で説明すれば，「あ，なるほど．だから置換が出てくるんだな」となるはずです．そういう流れで書いてある教科書って，なかなかないんですよ．そういう意味でピッタリのものがなかったから書いたという感じですね．

7.3
ゲーム業界が数学で悩まされた時期を見てきて思うこと

三宅●山中さんは物理出身で，理論物理学専攻の方でも数学的研究が中心の場合は，結構プログラムが書けない人も多いですよね．山中さんはもともとプログラミングもできたのでしょうか？

山中●いや，プログラミングは会社に入ってからですよ（笑）．

三宅●!! どういう経緯だったのですか？

山中●ぶっちゃけると，そもそも大学院の頃は物理で飯を食うつもりだったのですが，自分が凡人だとよくわかって，これじゃ食えないなと（笑）．

Chapter7　デジタルゲームに必要な数学とは？／株式会社セガ開発技術部・山中勇毅氏インタビュー　　81

三宅●素粒子物理の理論研究は，本当に狭き門ですからね．

山中●ではどうしようかと悩んだ時期に，ちょうどゲームセンターで『バーチャファイター』(セガ，1993年)が出始めて，今で言う「バーチャル・リアリティ(VR)」が注目され始めたのでした．これは面白そうだと思い，物理以外でも面白いものなら何でもいいや，くらいの気持ちでVR関連の会社を調べて，ゲームを作っている会社があるのを知って入社したのです．

三宅●それって，プログラマ採用ではなかったのですか？

山中●一応プログラマとしての採用なのですが，プログラミングはできなかったですね(笑)．当時のセガは，良い意味でも悪い意味でも，大きい町工場みたいな会社だったので，プログラミング未経験でも伸びしろがあると思われれば採用してもらえたのだと思います．

三宅●コーディングは訓練すればそこそこ書けるようになりますが，数学のきちんとした理解は，そう簡単に身につくものではないですよね．

山中●本当にそうなんですよ．でも全員がそれを必要としているわけではないので，当時もプログラミングスキルやゲーム制作経験で採用はしていましたが，そうではない人でも採用してもらえる時代でした．

清木●ゲーム業界が数学に，特に線形代数に悩まされながら，なんとか3Dに食らいついていく様子を間近で見ていたと思うのですが，どのように感じていましたか？

山中●相談はよく受けましたね．クォータニオンがまだ出る前，「セガサターン」から「Dreamcast」くらいの間で，「回転行列の補間をしたい*6」という相談を受けて，「解析的には難しいけど数値計算なら逐次的にできますよ」というアドバイスを1週間くらいかけてしたこともありました．上司からも「こいつを1週間貸し出せ」みたいな感じで(笑)．

清木●今となってはライブラリがいろいろあって，詳しくなくても使えるようになりましたが，当時はそういうものが全然なく，わかっている人が毎回

---

*6　3Dゲーム内の物体がどの方向を向いているかは回転行列で表される．そして，一定時間後に新しく向きたい方向の回転行列を与えられることがある．その間の動きを滑らかに見せるために回転行列を補間したいニーズがある．

考えないといけなかったですからね．そういう時代と比べて，今をどう思われますか？

山中●ハードウェアの進化に合わせてソフトウェアも進化が求められ，計算リソースが増えただけでなく，メモリーやストレージも飛躍的に増えて，できることは格段に増えました．でも物量も莫大になって，どうしても分業せざるを得なくなります．それまでは少数精鋭のできる人が作っていたゲームが，分業体制になって大量生産しないといけなくなり，必然的に高度な技術がシステム側に組み込まれて隠蔽されるというのは，ある意味自然な流れだと思うんですよね．昔は三角関数の仕組みを知らないとゲームが作れなかったけど，今はそういうことを知らなくても品質はともかくとして面白いゲームが作れるというのは，それはそれで正しい方向性だと思います．

　一方で，全員がそれでいいかと言うとそうではなくて，システムを作る側はもちろん，使う側もある程度は仕組みを理解している必要があります．特にリードクラス[7]の人は，十分に理解しておかないと品質の高いものを作ろうとしたときに，「何ができて何ができないのか」，「どうデバッグすればよいのか」などがわからなくなります．そういう技術力の基礎の一つとして，数学は重要だと思うのです．そのためこのテキストも，全員が理解している必要はなくて，「もっと理解したい」という人向けに書いているつもりです．

三宅●数学は本当に重要だと思いますが，就職したらなかなか自分で学ぶことが難しいですよね．数学は，短期集中でできるものでもないですから，継続的な研鑽が必要なんですよ．

山中●積み重ねの学問ですからね．

三宅●でも会社に入ったらコーディングの学習が必須になるので，並行して数学をやるのは至難の業．「大学でやっているはず」と言っても，できる人はそれほど多くないですから．ゲーム業界に限らず，数学教育というものは普通の実技研修と違って，一度習ったからといってすぐに役立つわけではないけれど，長期的にはすごく効いてくるという厄介なものなんですよね．

山中●社内勉強会で提案したときも，基礎というのはすぐには目に見えた効

---

[7]　プログラマをまとめるポジションのこと．

果が出ないけれど，技術の土台として重要だと伝えました．「基礎」を辞書で引くと，「物事を支える土台」という意味なんですよ．土台がしっかりしていないと，その上に積み上げられるものは限られてくるのです．だからといって，いま土台を整備すればすぐに立派な建物が建つわけではないのですが，ゆっくりでもやろうよ，というような話をして進めていったのです．難しいところは何度も読み返して，少しずつ理解を深めていってほしいですね．最初は難しくてもくじけずに，時間をかけて身につけていってほしいなと思います．

清木●私自身も，数学が短期間では身につかないというのは痛感しています．あるとき，ふと理解が深まる瞬間があるのですけど，そこに至るまでには時間がかかりますよね．

山中●数学の理解というのは螺旋状に深まっていくんですよ．一周して振り返ると理解が深まるのです．よく一般の人は「数学って何の役に立つの？」と言いますが，ゲーム開発でも直接は役に立たないかもしれないですが，間接的にはすごく効いている．数学を通して身についた考え方というのは，意識していなくても絶対に役に立っているんです．

三宅●僕ももともと数学者になろうと思っていたのですが，大学院くらいでちょうど「PlayStation 2」が登場し，ゲームも 3D になってきたのです．「あれ，なんか数学とゲームって近いよな」と．「研究もゲームでやっていいんじゃない？」みたいに，だんだんと数学とゲームが繋がってきた経緯がありました．ただ，「もっと繋がっていいかな」と．「複雑系」や，最近だと「拡散モデル」などの数学もゲームと繋がっていますので，もっともっとゲームが数学っぽくなってくるとずっと思っていました．

清木●線形代数がゲームで使われる一番分かりやすい数学だとして，ほかにゲームと数学がくっつく場所ってどんなところがあるでしょうね．

山中●応用しようとしたらいくらでもあると思いますし，いろんな切り口で新しい技術をゲームに応用しようという動きは常にあります．AI はそのうちの一つです．ゲームのシステムを作っている人間が，他分野の技術を導入して新しいツールやライブラリを作る，中身の数学をある程度理解した上で応用する，というのは今でもあると思うのです．ただ，ゲーム産業がある意

味で成熟している昨今,「AAA ゲームタイトル*8」で本当に新しい技術を中心に据えることは難しい.インディーゲームのほうが,アイデアとしてすごく面白い技術を使っているものが出てくる余地は多いのかもしれないですね.

清木●3D が登場したときもそうでしたが,ゲームは常にその時代の最先端の技術を使って驚きを作っていくデジタルエンタメですよね.そして,同じような大きな技術的な変革が,またいつやってくるかも分からない.一番見えているところだと,「生成 AI」が次に来そうな大きな技術だと思うのですが,生成 AI も表層的な理解だと使いこなせない技術だと思うのです.中がどう関数として構成されていて,その関数がどういう振る舞いをするから,学習が進んでいくのか,というイメージを持てているかが重要です.新しい技術を取り込むときには,常にその裏には数学がいると思うんですよね.

山中●AI でいうと,学習済みのモデルに追加学習をさせるときに,仕組みが分かっていないと,適切なデータを用意できないし,適切な追加学習のさせ方もできません.結局そういうときに,線形代数や微積分などの大学の教養課程で習う数学や物理を,ある程度マスターしておくというのは非常に重要だと思うんですよね.そうすると,新しい技術が登場しても,知らぬ存ぜぬではなく,なんとなく仕組みくらいは分かります.これは,技術者としての基礎ですよね.

清木●もしも新人として,数学が好きで「ゲームに活かしたい!」という方がやってきたら,どういうことをやってほしいですか?

山中●まずはシステム系のことを担当してほしいですね.弊社も自社でゲームエンジンを作っている会社なので,そういうところに入ってきてもいい.純粋数学とはやはり少しかけ離れた世界なので,そこはちょっと失望するかもしれないですけど….実際に,自分も大学院まで高度な物理をやっていて,それが会社に入って直に役に立ったことがあるかというと,そんなことは 1 ミリもありません.でも,絶対に基礎として自分の技術力を支えているという自覚はあります.物事の本質にアプローチするやり方などは,研究者とし

---

*8 中堅・大手のゲーム会社が,一般的な作品と比べて特に多額の開発費を投じて制作するゲームタイトルのこと.

ての経験が生きています．基礎を学ぶことというのは，直接役に立たないけど，ものの考え方などで間接的にすごく役に立つというのは，本当に真実です．若い子にも理解してほしいし，役立ててほしいですね．

清木●数学が好きという資質を活かせる場が，ゲーム開発にあるということを知ってほしいですね．

三宅●博士号を取ってからゲーム産業に来てもいいし，途中から来てもよいのです．「研究ができないのでは？」とよく聞かれるのですが，そんなことはないんですよね．ゲーム会社は3年とか4年とか同じタイトルを作り続けていて，その間にいろいろな研究を行うのです．もちろん，大学での研究が直接は役に立たないことが多いのですが，それはどの産業に行っても同じです．ゲーム開発も探求なので，そこに魅力を感じて来てもらえるといいですね．面白いことは，いっぱいありますよ．

清木●ゲームって基本的に，ほかの人がまだやっていない新しいことをやっていこうという分野ですからね．

三宅●実社会に繋がれる感触を得つつ，数学を応用できる分野として，ゲーム産業というのはひとつありますよね．数学というのはゲームを推進するエンジンですからね．そこが強力になればなるほど，面白いものができるはず．今日はお話ししていて，いろいろな希望が出てきました（笑）．ありがとうございました．

[2024年1月19日談]

Chapter 8

対戦の面白さを支える数学

　皆さんは対戦ゲームをお好きだろうか．ゲーム開発者の間では，「対戦にしたら何でも面白くなる」などとよく言われる．素朴なゲームデザイン論で言えば，手を抜いても成功するゲームは楽しくないし，反対にどんなに頑張っても失敗するゲームも楽しくない．一人用のゲームの開発では，ほどよい手応えで成功するような難易度調整に多くの力を注ぐ．一方で，対戦ゲームならば，勝敗条件さえ対等であれば，どんなルールだったとしても，同じスキルのプレイヤー同士の対戦の勝率は5割である[*1]．実際には，勝敗の決着に至る過程の面白さも重要であるので，ゲームデザインの必要性が下がるわけではないが，5割が基本として担保されているのは大きい[*2]．

　しかし，この5割が担保されるには，ある前提条件が必要とされている．「対戦するプレイヤーのスキルが同じであること」だ．

　多くの対戦相手の候補がいる中で，あるプレイヤーの対戦相手を探すことをマッチメイク（matchmake）と呼ぶ．全員に対して勝率5割となるマッチメイクができれば，全員が同じように対戦を楽しむことができるだろう．そのためには，プレイヤーのスキルを推定する必要がある．

　対戦ゲームには，チェスや将棋のようなじっくりと戦うものもあれば，レースの順位を競うもの，チーム対抗で弾やインクを撃ち合うものなど，さまざまなバリエーションがある．どんなゲームにでも通用するスキル推定方法はあるのだろうか．

[*1]　先攻と後攻で勝率が異なるターン制ゲームでは，先攻と後攻を均等に入れ替えるものとする．
[*2]　5割で失敗する体験は厳しすぎるという議論はあり，負けた試合でも試合中に個々が達成したことを褒めることで失敗の苦痛を軽減するなどの工夫をしているゲームも多い．

Chapter8 対戦の面白さを支える数学　　　　　　　　　　　　　　　　　　　　　　87

　本章では，面白い対戦ゲームを実現するために，プレイヤーのスキルを推定するための技術を紹介する．

8.1
レーティング

　スキルの巧拙を数値化したものをレーティングと呼ぶ．すべてのプレイヤーのレーティングが計算できれば，その数値の大小を比べることで，簡単にプレイヤー同士の実力を比較することができる．一人用シューティングゲームのハイスコアランキングのように，全員が同じ条件下でスコアが出てくるものならば，数値化は簡単である．しかし，対戦ゲームは対戦相手によって勝つ難易度が変わるため，プレイの内容からスキルを数値化する方法は自明ではない．

　対戦ゲームのレーティング方法として，すぐに思いつくのは，大会を開いてその順位をレーティングとすることである．しかし，大会で実際に対戦するプレイヤーの組み合わせは限定的であり，また，各試合の勝敗は実力に加えて運要素もある．

　運の要素も加味した上で，対戦経験のない組み合わせでもスキルの比較ができるように数値化する手法が，以下で紹介する各レーティング手法である．各レーティング手法はすべて，試合結果を入力として，試合内のランダム要素を取り除き，各プレイヤーのスキルのレーティングを数値として出力する推定アルゴリズムといえる．

　推定されたレーティングは，マッチメイクの際に近い実力の対戦相手と組み合わせるために使われるほかに，全プレイヤーのランキングの作成や，プレイヤーに各自のレーティングを示すことで自己研鑽のモチベーションを

与える用途*3，あるいは称号を与える条件*4などで使われている．

8.2
イロレーティング

レーティングの手法として，広く用いられているのがイロレーティング（Elo rating）である．

イロレーティングは，もともと物理学者でチェスプレイヤーのアルパド・イロ（Arpad Elo）がチェスのレーティングシステムとして考案したものである[22]．1970年から国際チェス連盟の公式レーティングで使われているほか，2018年のサッカーワールドカップ以降のFIFAランキングでもイロレーティングをベースにした計算方法が採用されている[23][24]．また，デジタルゲームにおいても，月間アクティブユーザー数1億人の『League of Legends』（ライアットゲームズ，2009年）を始めとしたオンライン対戦ゲームでもレーティングの計算に使われてきた．

イロレーティングが広く受け入れられている理由には，レーティングの計算の容易さに加えて，数学的な裏付けがあることによると言われている．その「数学的な裏付け」とは何だろうか．

8.2.1 イロレーティングの基本アイデア

イロレーティングが最初に設計された際におかれていた仮定と定義は，以下の通りである．

ある試合でプレイヤー1（プレイヤー2）が発揮するパフォーマンス X_1（X_2）は，R_1（R_2）を平均とし，標準偏差を200とした正規分布に従う確率変数であ

---

*3 数式に支配されたレーティングの生の値を公開してしまうと，ゲーム内でのプレイヤーのモチベーション設計がしにくいことから，近年のオンライン対戦ゲームにおいては，マッチメイク用のレーティングと，プレイヤーに見せる現在の実力のランク表記を分けてデザインしているケースが多い．

*4 チェスの栄誉ある称号「グランドマスター」の取得条件の一つに，国際チェス連盟のレーティングで2500以上を取ることがある．

り*5, プレイヤー1とプレイヤー2が対戦したとき, $X_1 > X_2$ であれば, プレイヤー1が勝利すると仮定する. このとき, プレイヤー1のイロレーティングを R_1 とする.

この定義においては, 各プレイヤーのレーティング値の相対的な関係しか見ていないため, 本来は全プレイヤーのレーティングの平均値をいくつにでも設定できるが, イロがチェスのために設計した際には, 従来よりチェスで用いられていたレーティングの値の状況から, 2000 を基準とした*6.

200 という標準偏差の値も, チェスではレーティングを 200 ごとに区切ってクラス分けして試合が行われることが多かったことから来ている. 同一クラスの上限のプレイヤー1が下限のプレイヤー2と対戦したときの勝率を計算してみよう.

$X_1 > X_2$ という条件は, $X_1 - X_2 > 0$ と言い換えることができる. 正規分布に従う確率変数同士の差は正規分布となり, その平均は両者の平均の差なので $R_1 - R_2 = 200$, 標準偏差は両者の自乗の和の平方根となるので, この場合は $\sqrt{200^2 + 200^2} = 200\sqrt{2}$ となる. 標準正規分布の累積分布関数を $\Phi(x)$ とおくと, 平均が 200, 標準偏差が $200\sqrt{2}$ の正規分布に従う確率変数の値が正になる確率は

$$1 - \Phi\left(-\frac{200}{200\sqrt{2}}\right) = \Phi\left(\frac{1}{\sqrt{2}}\right) \fallingdotseq 0.76$$

となる.

つまり, レーティングを 200 ずつ区切って大会を行った場合, 一番実力差がある組み合わせでも, 勝率 76% であり, 逆に言えば 24% の確率でレーティングが低いプレイヤーが勝てる試合となる. これならば, 完全に一方的な展開にはならず, 内容のある試合となるだろう.

---

*5　実際には分布が歪だったとしても, 対戦回数が多くなれば, 中心極限定理により正規分布とみなせることを期待している.

*6　イロレーティングの解説記事には 1500 を平均値とすると書かれていることが多いが, イロはチェスのためにイロレーティングを設計した際に 2000 を基準にしたと明確に書いている[23]. 1500 という値が何に由来するものなのかはわからなかったが, 実際に 1500 を初期レーティング値とするゲームも多い.

この計算を一般化すると，レーティングの差を $D = R_1 - R_2$ とおいたとき，プレイヤー1の勝率 $W_e(D)$ は $W_e(D) = \Phi(D/200\sqrt{2})$ となる．正規分布の累積分布関数は解析的に計算しやすい式にはならないため，開発された当時は，イロレーティングから勝率を算出する際には，数値表を参照して計算した．

8.2.2 イロレーティングの算出方法

イロレーティングによるレーティングの値がどのような性質を持つかは前節で説明したが，そもそもプレイヤーごとのレーティングはどのように算出するのだろうか．

イロレーティングにおいて，1試合終えたあとの勝敗に応じた各プレイヤーのレーティングの更新は以下のシンプルな式で表現される．

$$R_n = R_o + K(W - W_e)$$

R_n が新しいレーティングであり，R_o が更新前のレーティング，K は更新量を調整するパラメータである．W は勝敗を表す値で勝ったら1，負けたら0，W_e はそのプレイヤーがその試合で勝利する期待値である．

例えば，レーティングが対戦相手より200低く，勝率 W_e が0.24しかない試合で勝利できれば，レーティングには0.76Kが加算される．一方でその試合に負けても，予想通りなのでレーティングは0.24Kしか下がらない[7]．このとき，対戦相手はレーティングにまったく逆の増減が発生し，レーティングの総和は一定に保たれる．

なお，引き分けに関しては，$W = 0.5$ とするケースや，その試合をノーカウントとするケースなど，いくつかのやり方がある．チェスやFIFAランキングでは0.5とする方法が採用されている．

プレイヤーの勝率の期待値が前節で解説したようにレーティングから正しく算出できるのであれば，この更新式で更新を繰り返すことで，真のレーテ

---

[7]　別の見方をすると，予想通りでもレーティングが下がる．このように1試合ごとに更新すると値が安定しない．そのため，実際の運用では，大会や一定期間ごとにレーティングを更新することが多い．W を期間を通じた勝利試合数，W_e を勝利試合数の期待値として一度に計算する．

ィングに近づいていくはずである.

　新しいプレイヤーのレーティングの初期値の決め方には, いくつかのやり方がある. すでに行われている競技に新しくイロレーティングを取り入れる場合は, 既存のレーティングを基準にイロレーティングの初期値を決めることが多い. イロレーティングを運用中のゲームへの新規参加の場合であれば, レーティング済みのメンバーと一定回数戦った結果が出たあとで, そこでの対戦結果から, 初期レーティングを推定して決めるという手法があり, チェスではこれが採用されている. また, 一番シンプルなやり方は, プレイヤー全員の平均的なレーティングを決め, 最初はその値からスタートしてもらうという方法である.

　初期のレーティングの値は信用できず, また, プレイヤーの実力の変化によっても真のレーティングの値は変動していく. レーティング値の更新は, その両者にまとめて対応していると考えられる.

　そのため, レーティングの調整の大きさを決めるパラメータ K は, レーティングの値が信用できない参加初期は大きく, レーティングが信頼できるようになると小さくすることが多い. 例えば, 国際チェス連盟では, 最初の 30 試合は 40 で, その後レーティングが 2400 に達するまでは 20, その後は 10 にする[24].

8.2.3 ロジスティック分布への変更

　8.2.1 節で説明した勝率の計算式は, 初等関数で記述できないため, コンピュータでの計算に適していない. そこで, チェスのレーティングは, 運用開始後しばらくして, 計算式に若干の変更が加えられた[23].

　新しく採用した勝率 $W_e(D)$ の式は以下のとおり.

$$W_e(D) = \frac{1}{1+\sqrt{10}^{-\frac{D}{200}}}$$

これは標準シグモイド関数の底を自然対数から $\sqrt{10}$ に変更し, D のスケールを 200 に合わせた関数である. この計算式はロジスティック分布の累積分布関数と解釈でき, これまで使っていた正規分布の累積分布関数と同様にシグモイド曲線を描く.

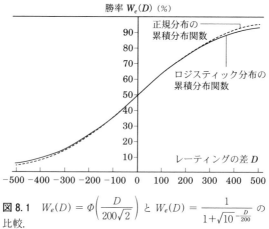

図 8.1 $W_e(D) = \Phi\left(\dfrac{D}{200\sqrt{2}}\right)$ と $W_e(D) = \dfrac{1}{1+\sqrt{10}^{-\frac{D}{200}}}$ の比較.

現在，イロレーティングとして広く知られているレーティングシステムの計算式はこちらである．

新旧の勝率計算式の比較を次ページの**図 8.1**に挙げる．特に，レーティングを 200 ずつで区切った際のクラス内での実力差はほぼ変わらない．

また，ロジスティック分布を採用したことで，コンピュータで計算しやすくなったこと以外に，ある性質が得られる．

勝つ確率を，負ける確率で割った値をオッズと呼ぶ．レーティング差が D のときのオッズを $O(D)$ とおく．

$$O(D) = \frac{W_e(D)}{1-W_e(D)} = \frac{1/(1+\sqrt{10}^{-\frac{D}{200}})}{\sqrt{10}^{-\frac{D}{200}}/(1+\sqrt{10}^{-\frac{D}{200}})} = \sqrt{10}^{\frac{D}{200}}.$$

プレイヤー 1 とプレイヤー 2 のレーティングの差 R_1-R_2 を $D_{1\to 2}$，プレイヤー 2 とプレイヤー 3 のレーティングの差 R_2-R_3 を $D_{2\to 3}$ とおいたとき，プレイヤー 1 とプレイヤー 3 のレーティング差 $D_{1\to 3} = D_{1\to 2}+D_{2\to 3}$ について，以下の関係が成立する．

$$\begin{aligned}O(D_{1\to 3}) &= O(D_{1\to 2}+D_{2\to 3}) = \sqrt{10}^{\frac{D_{1\to 2}+D_{2\to 3}}{200}} \\ &= \sqrt{10}^{\frac{D_{1\to 2}}{200}} \cdot \sqrt{10}^{\frac{D_{2\to 3}}{200}} = O(D_{1\to 2}) \cdot O(D_{2\to 3}).\end{aligned}$$

Chapter8 対戦の面白さを支える数学

つまり，プレイヤー1とプレイヤー2のオッズと，プレイヤー2とプレイヤー3のオッズの積が，プレイヤー1とプレイヤー3のオッズと等しくなるという関係性がある．

また，逆にこのオッズの関係性が成立すれば，オッズをレーティング差の指数関数で表現できることになるため，勝率をシグモイド関数で表現でき，イロレーティングが適用可能となる．この関係性は，実際の対戦成績で確認しやすいため，あるゲームがイロレーティングにマッチしているかの確認に使いやすい．

8.2.4 イロレーティングの課題

イロレーティングにはいくつかの課題がある．

ひとつは，過去と現在とでレーティングの比較ができないことである．現在アクティブなプレイヤー間でのレーティングの差を正しくしようと修正し続けるため，レーティングの平均値は時間とともに変化する．特に，どんどん新しい人が入ってきて，レーティングを初期値から下げてからやめる人が多い場合，毎回の試合でのレーティングの変動が総和一定であることを踏まえると，系全体に値が供給され続けることになるので，アクティブプレイヤーのレーティングはインフレしていく．レーティングの絶対値が意味を持つチェスでは，このインフレが議論の対象になっている．

また，K の値の運用に数学的な裏付けがないという課題もある．新人は K を大きく，ベテランは K を小さく運用するケースが多いが，例えば FIFA ランキングでは大会の重要度に応じて K を大きくする[25]など，さまざまな運用がされており，その値に理論的な裏付けが薄い．

デジタルゲームでの利用という観点では，三つ巴で対戦したときや，チームで戦ったときなど，多様な対戦を数学的にモデル化して扱えないという問題がある．また常に新しいプレイヤーが入り続ける環境なので，レーティングの収束の遅さも課題となる．

8.3
改善されたレーティングシステム

イロレーティングの課題に対応したレーティングシステムがいくつか提案されている.

8.3.1 グリコレーティング

マーク・グリックマン(Mark Glickman)によるグリコレーティング(Glicko rating)は,イロレーティングにレーティング偏差(ratings deviation; RD)を導入して改善を試みたもので,1995年に提案された[26].

イロレーティングでは,あるプレイヤーがある試合で発揮するパフォーマンスを計算するときに,真の実力を表すレーティングの値を中心とした正規分布となるとモデル化して計算した.しかし,実際には,真のレーティングは直接には観測できず,あるユーザのレーティング自身も確率変数と考えるべきである.

グリコレーティングでは,あるユーザーのレーティングは,平均値と標準偏差の組み合わせで表現される.新人は情報が少ないため,標準偏差が大きく,ベテランは実力がわかっているため標準偏差が小さい.標準偏差が大きいときは,レーティングの修正量も多くすることで,早く収束するように設計されている.

興味深い仕様として,時間による変化がある.プレイヤーがゲームをプレイしていなかった期間に応じて,ゲームの腕が鈍ったかもしれないということで,標準偏差を大きくする仕組みである.

また,2013年には,グリコレーティングに新しいパラメータのレーティング変動率(rating volatility)を導入したグリコ2レーティングも提案されている[27].

グリコレーティングもグリコ2レーティングも,パブリックドメインで公開されており,自由に利用できる.そのため,デジタルゲーム業界でも広く使われている.Valve Softwareがグリコ2レーティングの採用に熱心で,主力タイトルである『カウンターストライク グローバルオフェンシブ』(2012

年)や『Team Fortress 2』(2007 年)などでアップデートにより採用している.

8.3.2 TrueSkill

TrueSkill は Microsoft Research が開発したレーティングシステムで,「Xbox Live」(現「Xbox ネットワーク」)で使われてきた[**28**].

TrueSkill はデジタルゲームのために設計されたレーティングシステムであり,ゲーム機上でプレイされている人気のオンラインゲームのレーティングのために必要な機能を兼ね備えている.

- 収束の速さ.大勢のプレイヤーが一斉に新規のゲームを始めても,すぐに適切なマッチメイクができる.
- チーム戦のサポート.異なる人数のチームが 3 チーム以上で戦っても対応できる.
- 引き分けを数学モデル上も適切に扱う.

これらを実現するために,TrueSkill では,因子グラフ(factor graph)を用いたベイズ推定で,各プレイヤーのスキルのパラメータを推定する.

TrueSkill で構築する因子グラフの例を**図 8.2**(次ページ)に挙げる.これは,プレイヤー 1 のみのチーム A と,プレイヤー 2 と 3 のチーム B と,プレイヤー 4 のチーム C の 3 チームが 1 つの試合内で対戦し,A が 1 位,B と C が引き分けでともに 2 位だったときの因子グラフである.

因子グラフで,丸で表現されているのが確率変数で,四角が確率変数の制約を表す因子ノード(factor node)である.

TrueSkill で構築する因子グラフには,グリコレーティングで導入された各プレイヤーのレーティングを正規分布の確率変数として扱う手法も取り込まれている.s_i はプレイヤー i のスキルであり,μ_i を平均とし,σ_i を標準偏差とした正規分布 $N(s_i; \mu_i, \sigma_i^2)$ を取ると仮定する.また,p_i はプレイヤー i がその試合で発揮したパフォーマンスであり,平均が s_i,標準偏差が β の正規分布 $N(p_i; s_i, \beta^2)$ を取るとする.

また,各チームのパフォーマンス値は,チームに属するプレイヤーのパフ

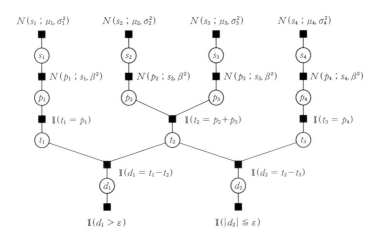

図 8.2 TrueSkill の因子グラフの例

ォーマンス値の単純合計であると仮定し*8, チーム同士のパフォーマンス値の差により順位が決定するというモデルを取っている. この際, パフォーマンス値の差が定数 ε 以下であれば, そのチーム間は引き分けているという扱いをする. 因子グラフの下半分はこれらの関係を表現しており, 例えば $\mathbb{I}(t_2 = p_2 + p_3)$ はプレイヤー 2 と 3 のチームのパフォーマンス t_2 は, プレイヤー 2 と 3 のパフォーマンスである p_2 と p_3 の合計であるという制約を示している.

また, 図 8.2 には含めていないが, j 試合目におけるプレイヤー i のスキルを $s_{i,j}$ とおくと, $j+1$ 試合目のスキルは標準偏差 γ の正規分布 $N(s_{i,j+1}; s_{i,j}, \gamma^2)$ に従うとモデル化できる. また, 実時間が経つにつれ実力への確信度が下がるため, 標準偏差が大きくなるというグリコレーティングのアイデアも取り込むことができ, その係数を τ で表す.

プレイヤーのレーティングの初期値を平均 m_0, 標準偏差 v_0 とおくと, TrueSkill は $(m_0, v_0, \gamma, \tau, \beta, \varepsilon)$ というパラメータで振る舞いを調整できる. これを適用するゲームタイトルごとに調整することで, アルゴリズムの汎用

---

*8 試合中の途中参加がある場合は, 参加時間で重みをつけて合計する.

性を高めている.

TrueSkill では，このように構築した因子グラフの上で，すべての確率変数が正規分布を取るようにいくつかの条件を近似しながら計算することで，試合結果に基づいた，各プレイヤーのスキルの確率分布を推定する．この計算方法として，TrueSkill の原論文では Expectation Propergation 法という手法を紹介している[**29**]．詳細は原論文を当たってほしい.

プレイヤーに見せるレーティングの値にも工夫があり，プレイヤー i に見せるレーティングの値は $\mu_i - 3\sigma_i$ としている．これは，99.9％ の確率でプレイヤーの真のレーティングがこの値以上であることを保証する値である.「Xbox Live」においては，μ の初期値を 25，σ の初期値を 25/3 とするため，プレイヤーが見るランクの初期値は $25 - 3 \cdot 25/3 = 0$ である．試合を重ね，真のレーティングが判明するにつれて，0 からランクが上がっていく．そして，レーティングランキング上位者は，偶然ではなく確実にそのランクに見合った実力を持っていることになる.

TrueSkill をさらに改良した TrueSkill2 も開発されている．TrueSkill2 ではさらに対戦ゲームならではの仕様を組み込んだ．例えば，チームの勝ち負けだけを参照していたのを，相手を倒した人数などの個人成績も加味して，さらに速くレーティングが収束するようになった．『Halo 5』(Microsoft, 2015 年) の実データを使用したテストでは，TrueSkill の勝敗予測精度が52％ だったのに対して，TrueSkill2 は 68％ の精度が出ている[**30**]．また，途中で切断したプレイヤーへのペナルティをつけられるようになるなど，ゲームの運営側が望ましいと思うプレイングに高い点をつけられるようになった.

TrueSkill は Microsoft が特許と商標を取得している.

8.4
おわりに

イロがチェスのレーティングを更新していた時代は，対象となるチェスプレイヤーも限られており，イロ自身が手作業で計算してランキングを更新していたという．それが現在では，同じシステムでデジタルゲームの 1 億人の

プレイヤーたちの実力を推定し，公平な試合を実現するために，コンピュータが自動で計算を行っている．

　理論的に適切な裏付けのもとに作られた数値処理システムは，人数規模や対象が変わっても，ロバストに機能し続ける．その一方で，道具としての使い勝手の良さがゆえに，とにかくこれを使えば大丈夫な道具として扱われてブラックボックス化しやすく，新しい応用に対しても道具を変えずに小手先の工夫で乗りきろうとすることも多い．

　Microsoft Research の TrueSkill はその点において，異なった数学的アプローチでデジタルゲーム用に改善した新しい道具を作り上げた珍しい事例である．

　さらに，まだ残るレーティングの課題を解決しようと新しい提案もされている．多人数が参加する競技の結果を使ったレーティングの速度と精度を向上させる Elo-MMR や，より早くプレイヤーの実力を見定めるために深層学習を使う研究などが代表的だ．

　デジタルゲームの世界には，まだまだ数学の力で解決できるテーマが眠っていそうだと感じていただけたなら幸いである．

Chapter 9

入力を処理する数学

　デジタルゲームとは，人とゲームシステムとの間で相互作用の輪が作られた，入力と出力のサイクルである．そのサイクルにおいて，数学の活躍する余地の一つに信号処理がある．コントローラのボタンを押すことでデジタル的に入力するだけでなく，もっと多様性のある人間の行動を入力とし，センサーデータとしてそれを受け取って，ゲームシステムが処理できるような形に整理できれば，遊びのバリエーションが増えていく．

　古くは，ファミコンのコントローラに内蔵されたマイクに向かって叫ぶことで発生する裏技だったり，あるいは『WiiSports』(任天堂，2006年)においてコントローラをラケットのように持って振ることでテニスができることであったりする．

　本章では，その中でも，これからの遊びの可能性を広げる，現実を拡張するゲームに用いられる数値処理を紹介する．

9.1
現実を拡張するゲーム

　集積回路技術は，ムーアの法則[*1]と呼ばれる指数関数的な成長曲線に乗って向上してきた．近年になり，ムーアの法則はもう限界であると何度も言われているが，それでもあの手この手で性能向上は続いている．

　デジタルゲームにおいて，この集積回路技術の向上の恩恵は，グラフィッ

---

*1　集積回路上のトランジスタ数が2年ごとに2倍になるという経験則であり，今日では業界の目標と化している．

クス表現のリッチさとして分かりやすく表出してきた[*2].「ファミコン」が「スーパーファミコン」(任天堂，1990年)になり，「PlayStation」(ソニー・コンピュータ・エンタテインメント，1994年)が世代を重ね，という家庭用ゲーム機の歴史は，集積回路の規模拡大の歴史でもある．

一方で，集積回路技術の向上は，消費電力あたりの性能向上という側面で見ることもできる．近年は特に，スマートフォンに向けての投資が強力で，「PlayStation 4」世代に相当するグラフィックス性能がバッテリー駆動で持ち運べるようになってきている．

このことによって，デジタルゲームに新しい可能性が開けてきた．未来のゲームの可能性の1つとして，街の中で景色にCGが重畳される様子を見ながら楽しむAR(Augmented Reality；拡張現実)技術を使ったゲームがある．

すでに，例えば『Pokémon GO』(Niantic/ポケモン，2016年)では，ARモードを有効にすることで，街の実景を背景に3D CGで描写されたポケモンを捕まえる体験ができているが，現時点では，現実の場とゲーム体験との関係性はまだ薄い．

街頭ビジョンの映像からモンスターが街中へ飛び出してくるとか，公園で他の人が連れているバーチャルペットと一緒に遊べるなど，現実の街やそこにいる人々と深く関係をもったAR体験はこれからである．

現在，AR体験をサポートするソフトウェア的およびハードウェア的な環境への投資が進んでいるため，この分野は近年中に大きく伸びる可能性を秘めている．

9.2
ARを支える自己位置推定技術

高精度なAR体験を提供するには，現在どこにいて，何を見ているのかを知る必要がある．しかし，GPSを使って，現在位置を推定することはできても，ユーザーがそのときに見ているものまでは分からない．

[*2] CPUとGPUの処理能力の増加とメモリ量の増大の恩恵は，実際にはゲーム世界の豊かさや，ゲームAIの質にも大いに影響しているが，見た目には分かりにくい．

街中において，ユーザーの端末のカメラ画像から，位置に加えて，向いている方向を高精度に推定する技術が，現在各社がしのぎを削って開発している Visual Positioning System（VPS）である．VPS の実現には，いくつかの手法があるが，何らかの手法で作成した現実の街のモデル[*3]とカメラ画像とを突き合わせて，どこからどこを見ているのかを推定するという手順が一般的である．

アトラクションなど限定的な屋内空間においては，小規模な VPS を用いたり，あるいはシンプルに位置合わせのための画像マーカーを設置することで，絶対位置を取得することが一般的に行われている．また，位置計測の専用ハードウェアで対応するケースもある[*4]．

さて，途切れのない自然な AR 体験を実現するには，スマートフォンや

図 9.1　VPS を利用した AR ゲームの例：『おさんぽ宝探し』（ほぼ日，2022 年）

[*3] 航空写真から作成するもの，街中を走らせた車で撮影した景色から作成するもの，ユーザーが撮影した画像から構成するものなど，各社がそれぞれのアプローチを行っている．
[*4] Bluetooth 5.1 には，屋内測位に使える角度計測の仕様が含まれており，普及が期待されるが，対応したアンテナが必要となる．

ARグラスなどの端末の現在位置と向きが常に高精度に分かっている必要がある. さもなくば, CGによる表示と現実の風景がずれてしまうためである. しかし, 特殊なセンサーを使っているケースを除くと, 常にユーザーの精度の高い絶対位置情報を取得し続けることは困難である.

そこで用いられているのが, 複数のセンサーの入力を統合して, 自己位置を推定するという技術である. 低い頻度で手に入る絶対位置のデータと, 高い頻度で手に入る相対位置変化のデータを相互補完的に組み合わせる利用法が典型的である. センサーフュージョンと呼ばれる技術分野の一種であり, 特に自己位置推定はロボットや車両の自動運転にも必要な技術のため, 多く研究されてきた. センサーフュージョンで用いられる代表的な手法を紹介する.

9.3
カルマンフィルターとパーティクルフィルター

自己位置推定を例として説明しよう. 課題は, 端末の絶対位置[*5]と向きを1/60秒[*6]の間隔で推定することである. 入力としては, 複数の情報源からの位置に関する情報が得られているものとする. 今回の例で言えば, VPSやマーカー認識で得られる絶対位置情報と, 加速度センサーやカメラ動画像の解析[*7]による相対位置変化の情報が入力となる.

このとき, 時刻tにおける端末の位置と速度のような推定したい状態ベクトルを$x(t)$とおいたとき[*8], 次の時刻における状態$x(t+1)$は$x(t)$から線形変換した状態を中心に, 正規分布に従うランダム性をもって遷移すると仮定する. 式で表現すると, 正規分布に従うシステム雑音[*9]を$v(t)$とおいて,

---

[*5] 正確には, 地球上の緯度・経度・高度で表現される座標系における位置.

[*6] 一般的なARアプリケーションは1/30秒か1/60秒単位で画面が更新される.

[*7] カメラ画像上の特徴点の移動を三次元の相対位置変化として推定するSLAMという技術を用いるのが一般的である.

[*8] 自己位置推定をする場合は, 位置と向きだけでなく, 速度や角速度も状態のひとつとしておくことで, 線形変換により速度による位置の離散時間分の更新を表現できる.

[*9] 便宜上「雑音」と言っているが, 今回のモデルにおいては, 端末を持っているユーザーの予測できない動きによる状態の変化も雑音に含めている.

以下となる．行列 A は，例えば位置が速度で更新されることを表現する．

$$\boldsymbol{x}(t+1) = A\boldsymbol{x}(t) + B\boldsymbol{v}(t)$$

この式は，真の状態の遷移法則を表しているが，実際に真の状態を観測することはできない．観測値は，$\boldsymbol{x}(t)$ に正規分布に従う観測雑音 $\boldsymbol{w}(t)$ を加えた値と仮定し，$\boldsymbol{y}(t)$ とおく．

$$\boldsymbol{y}(t) = \boldsymbol{x}(t) + \boldsymbol{w}(t)$$

この 2 式を合わせて，状態空間モデルと呼ぶ．一般的なカルマンフィルターでは，観測値 $\boldsymbol{y}(t)$ は状態 $\boldsymbol{x}(t)$ を観測行列 H で線形変換して観測雑音を加えた値として説明されることが普通だが，ここでは簡単のために H を単位行列として $\boldsymbol{x}(t)$ に雑音が乗った値をそのまま観測するものとした．

今，行いたいことは，入力情報として得た $\boldsymbol{y}(t)$ の実測値をもとに，$\boldsymbol{x}(t)$ の推定値 $\hat{\boldsymbol{x}}(t)$ を計算することである．

導出は省略するが，ベイズ推論の理論を応用して，以下の手順で推定を行うことができる．これをカルマンフィルターと呼ぶ．詳細は文献を参照されたい[31]．

確率ベクトルである $\boldsymbol{x}(t)$ の共分散行列を $P(t)$，システム雑音 $\boldsymbol{v}(t)$ の共分散行列を Q，観測雑音 $\boldsymbol{w}(t)$ の共分散行列を R とする．

カルマンフィルターは，状態空間モデルの式に従って次の離散時間の状態を予測する予測ステップと，観測された値によって状態を補正するフィルタリングステップを繰り返すことで進行していく．

まず，予測ステップとして，観測値を考慮する前の時刻 t の状態 $\hat{\boldsymbol{x}}^{-}(t)$ を以下のように推定する（X^{T} は行列 X の転置）．

$$\hat{\boldsymbol{x}}^{-}(t) = A\hat{\boldsymbol{x}}(t-1),$$
$$P^{-}(t) = AP(t-1)A^{T} + BQB^{T}$$

$P^{-}(t)$ は，観測値による補正を行う前の状態の共分散行列で，各要素は現在状態が曖昧であるほど大きくなる．予測ステップでは，システム雑音によって，時間が経過するほどに共分散行列は大きく，つまり状態は曖昧になっていく．

続くフィルタリングステップでは，観測値を使って，推定値を補正する．まずは，補正度合いを示すカルマンゲイン $G(t)$ を以下の式で計算する．

$$G(t) = P^-(t)(P^-(t) + R)^{-1}$$

$G(t)$ は，推定されている状態の曖昧さを表す $P^-(t)$ が大きければ単位行列 I に近づいていき，観測値に含まれるノイズの大きさを示す R が大きければ零行列 O に近づいていく．これは，現在の状態に自信を持てなければ観測値をもとに大きく補正し，観測値に自信を持てなければ補正量をほどほどに抑える，といった解釈が可能である．

このカルマンゲインを用いた推定値の補正は，具体的には以下の式で行う．

$$\hat{\boldsymbol{x}}(t) = \hat{\boldsymbol{x}}^-(t) + G(t)(\boldsymbol{y}(t) - \hat{\boldsymbol{x}}^-(t)),$$
$$P(t) = (I - G(t))P^-(t)$$

1つ目の式は，観測した値と，状態の推定値の差を補正する処理である．カルマンゲインに応じて補正される．2つ目は，推定している状態の曖昧さを表す共分散行列の補正を行う式である．

観測値に雑音がまったく乗っていない，すなわち R が零行列であれば，カルマンゲインは単位行列となる．このとき，推定値 $\hat{\boldsymbol{x}}(t)$ は常に観測値 $\boldsymbol{y}(t)$ と等しく，共分散行列は零行列，すなわち推定の曖昧さがまったくない状態となる．逆に観測値に雑音が非常に多く乗っている場合はカルマンゲインは零行列に近づいていき，観測値を得ても状態も共分散行列もほとんど補正されなくなる．

以上のように，システム雑音の影響で，時間が進むごとに，推定している状態の確率ベクトルの分散が大きくなっていくことに対抗して，観測データによる補正によって，曖昧さを低減させていく，というステップを繰り返していくのが，カルマンフィルターによる状態推定である．複数種類のセンサー情報がある場合は，それぞれのパラメータでフィルタリングステップを適用すればよい．

カルマンフィルターは実装が容易で，計算量が少ない上に，ベイズ推論による理論的な裏付けがあり，適切にモデルとパラメータを設計できれば精度も高い．一方で，実世界のセンサー情報や複雑な複合システムの振る舞いを，状態の線形変換と正規分布に従う雑音で精緻にモデル化することには限界があり，そのギャップが精度の低下として現れる．

非線形な状態空間モデルに対応した手法としては，EKF（Extended Kal-

man Filter）や UKF（Unscented Kalman Filter）などの，カルマンフィルター
を修正したバージョンがあるが，近年よく用いられるようになってきている
のがパーティクルフィルターである．

　パーティクルフィルターは，線形性の仮定は不要で，現在の状態 $x(t)$ か
ら次の状態 $x(t+1)$ への遷移の計算方法が与えられており，推定した状態と
観測データとの整合度である尤度が計算可能であれば適用可能な手法だ．

　パーティクルフィルターの考え方を簡単に説明すると，現在の状態の可能
性を粒子としてばらまき，それぞれの粒子の動きを 1 ステップずつシミュレ
ーションしながら，各粒子が観測データとどれだけ整合しているかを示す尤
度関数で粒子ごとの評価値を更新し続けることで*10，総体としての現在の状
態を推定するという手法である．

　パーティクルフィルターは，散らす粒子の数だけ状態の変化を計算しない
といけないため，カルマンフィルターに比べて計算量は大きくなるが，一方
で，集積回路技術の向上によって，独立した単純な演算を大量に並列実行す
ることはコンピュータの得意とするタスクとなっている．その結果，実験的
には，十分に多くの粒子を散らしたパーティクルフィルターは，実用的な計
算速度で，カルマンフィルターより精度を高められることが多い[32]．これ
も，集積回路技術の向上が，取れる手法の質を変化させているひとつの例で
ある．

9.4
まとめ

　数学的な理論に裏付けられた高精度のセンサーフュージョン処理が，各種
端末上で実時間で実行できるようになったことによって，ユーザーの現実世
界での状態をソフトウェアが正しく認識できるようになった．その結果とし
て，現実世界にまるで固定されているかのようにぴったりと CG 表示が付い
てくるような表現が簡単に実現できるようになっている．

　スマートフォンを使った AR だけでなく，頭に被って AR 体験ができる

---

*10　評価値の低い粒子を消し，逆に評価値の高い粒子を複数に分割するリサンプリングも行う．

Apple Vision Pro のようなゴーグル型のデバイスも次々と登場して，世界中のユーザーに対して魔法のような体験を提供しているが，こうした体験は，センサーデータを整える数値処理が縁の下を支えているのである．

Chapter 10

ゲームにおける
自動生成アルゴリズム

　デジタルゲームのアセット（CG モデル，サウンド，など）は基本的にデザイナーやアーティストがツールを用いて作る．しかし，デジタルゲームにおける大型ゲーム（AAA ゲームタイトル，超大型ゲーム）の向かう方向は，広大なフィールドをシームレスに移動できる「オープンワールド」が主流であり，一般的にそのようなゲームを作る際の開発者の数は数百人から千人を超える規模となる．そこで期待されているのが自動生成技術である．アーティストが膨大なアセットを製作する代わりに，アルゴリズムによって大量のアセットを自動生成するのである．自動生成する内容は，地形，植物，雲，建築，都市，マップ，ストーリーなど多岐に渡る．このように自動的にコンテンツを生成することは，プロシージャル・コンテンツ・ジェネレーション（PCG, Procedural Contents Generation）と呼ばれる[**33**]．しかし，ゲームによって自動生成の要件は異なり，ゲーム産業には多くの自動生成アルゴリズムの探求の積み重ねがあるが，それらはまだ統一的にまとめられていない．

　また自動生成技術を必要とするのは大型ゲームだけではない．小型・中型ゲームでも，コンテンツを柔軟に変化させるため，また，ゲームのボリュームを大きく見せるために活用される．さらに自動生成技術は時代によってニーズが異なる．ゲームカートリッジ（ROM）の容量が少なかった 1980 年代のゲームでは，ゲーム進行中に自動生成のアルゴリズムによってマップを生成することがあった[**34,35**]．また近年ではメモリも容量も十分にはあるが，データを準備するにはあまりにも広大な世界を作成するために，自動生成のアルゴリズムが用いられる場合が多い．本章では，ゲームで使われるさまざまな数学的自動生成アルゴリズムについて紹介する．

10.1
領域分割によるダンジョン自動生成

　ダンジョン自動生成は，自動生成技術の中でも最も古いアルゴリズムの一つである．代表的なゲームであり，その最も早い実例として『ローグ』(Rogue, 1980年)がある．Unix上で開発されたゲームであり，大学の研究室のUnixでプレイされた方も多いだろう．『NetHack』(1987年)はこの後継である．一般に，ダンジョン自動生成型のゲームは「ローグライクゲーム」(Rogue-like game)と称される．『ローグ』は自動生成ダンジョンの最初のゲームであり，商業ゲームとしては『風来のシレン』(チュンソフト，1995年)シリーズなどへ応用されていくことになる．『ローグ』の自動生成アルゴリズムはきわめて単純なアルゴリズムであり，長方形を線分によって分割し，それぞれ分割された長方形の中に部屋を作り，曲がった通路によって結ぶというアルゴリズムである(**図10.1**).

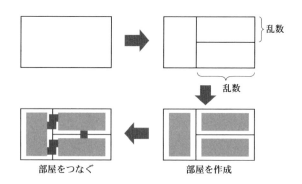

図10.1　『ローグ』の自動生成アルゴリズム

10.2
L-systemによる自動生成

　次に，自動生成全般を通じて最もよく使われるアルゴリズムが「L-system」(Lindenmayer system)であり，記号列と図形を対応させるアルゴリズ

ムである[36]. L-system は簡単な記号変換から出発して，これを繰り返し適用することで図形を生成する．これはスケールを変えながらくり返し同じ関数を適用していくフラクタルの原理を応用している．例えば，以下のような文字列の変換 $T(F)$ を考えてみる.

$$T(F) = F(+F)F(-F)F$$

このとき，F を長さ 1 だけ直進，$+$ を 30 度時計回り，$-$ を 30 度反時計回り，括弧の中は分岐した処理でスケールが 1/2 になるとする．すると全体としては枝のような図形となる(**図 10.2**)．さらにこの変換をもう一度，変換の右辺に施す.

$$T(T(F))$$
$$= F(+F)F(-F)F(+F(+F)F(-F)F)F(-F(+F)F(-F)F)F$$

これを先頭から読んで図示すると草のような図形となり，さらに施すと木のような図形になる.

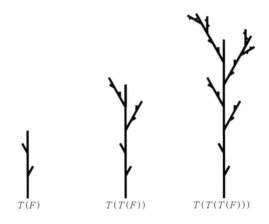

図 10.2 L-system による植物自動生成

これを繰り返していくことで木のグラフが生成されていく．これを 3D 空間で展開すると 3D モデルの木が生成でき，さらに $+$ や $-$ の解釈を変えれば枝ぶりが変わり，別の変換を考えれば多様な植物の生成に応用することができる[37, 38]．非対称にするには $+$ と $-$ の場合の角度を変える，あるい

は確率過程を加える,などの工夫をする.

次に二種類の操作 F, G に対して,
$$T(F) = F+G, \quad S(G) = F-G$$
として, $F+F+G$ から出発して, F には T 変換を G には S 変換をくり返し適用していく.

$F+F+G,$
$F+G+F+G+F-G,$
$F+G+F-G+F+G+F-G+F+G-F-G,$
$F+G+F-G+F+G-F-G+F+G+F-G$
$\quad +F+G-F-G+F+G+F-G-F+G-F-G$

3回の変換の結果, 上記のような文字列となる. F, G をどちらも直進, ＋ を 90 度時計回り, － を 90 度反時計回りと解釈するとダンジョンのような図形が生成される(**図 10.3**).

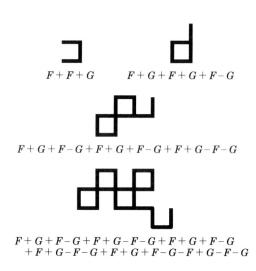

図 10.3 L-system によるダンジョン生成

このように L-system は生成システムとして利用され, どのようなルールと解釈を適用するかで, さまざまな多様性がある. 例えば, 街の幹線道路の

パターンを生成することもできれば，格子状の街のパターンを生成することも可能である．実際，多くの街の自動生成における道路のパターンは L-system で生成される [39, 40]．

10.3 影響マップによる都市自動生成

都市を生成する，という種類のゲームジャンルがある．この源流の一つが『SimCity』(Maxis, 1989 年) である．ユーザーは道路を設定し，配置の許された区域に住宅や工場を配置する．すると，その配置に従って都市が動き出し，経済が回り，安全で，住む人の満足度が高い状態を維持すれば，発展が続いていくが，そうでなければ途中で頓挫してしまう．

『SimCity』は 4 層構造のグリッドマップで構成されている [41, 42]．第一層はユーザーがインタラクションするゲーム空間であり，ユーザーからはこの層しか見えない．後の 3 層はユーザーからは隠された都市を自律的に変化させるシステムである．第一層でユーザーの行ったアクションの影響が上層から深層へ波及していく (影響度計算)．逆に最深層まで行くと，深層から上層へ向かって，それぞれのセルに関わるパラメータが再計算される (影響度

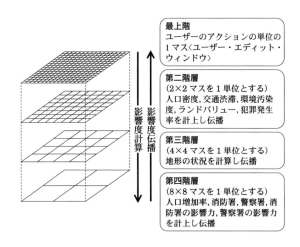

図 10.4 『SimCity』における多階層構造 [41, 42]

伝播). また深層に行くに従い, 第二層は 2×2 マスを 1 セルとして, 第三層は 4×4 マスを 1 セルとして, 第四層は 8×8 マスを 1 セルとして計算するなど, 空間的スケールが変化する. このような構造を「多階層の影響マップ」(multi-layered influence map) と呼ぶ.

第二層では人口密度や交通渋滞, 汚染などのパラメータが計算される. 例えば, ある場所に工場を建てると, 工場に対応したマスを中心に周囲に向けて汚染度が拡大する. 第三階層は地形の影響を考慮するレイヤーで, 川や海, 山際など地形の影響が計算される. 第四階層はさらに大きなスケールで, 人口や治安の影響を計算する. 例えば

$$(あるセルの犯罪率) = (人口密度) の 2 乗 - その土地の価値指標$$
$$- 警察の影響度$$

のように, 第二層のパラメータである犯罪率は, 第四層の人口密度, 第二層の土地の価値指標, 第四層の警察の影響度から計算される. また,

$$土地 (セル) の価値指標 = (そのゾーンの価値) + 地形の価値$$
$$+ 交通の価値$$

のように, 第二層の土地の価値指標は, 第四層のゾーンの価値, 第三層の地形の価値, 第二層の交通の価値 (交通の便利さ) から計算される. このような都市の発展ダイナミクスが, 多層的な計算を通じて実現される.

10.4
ハイトマップ, ベクターフィールドによる地形生成

地形データはゲームの最も基本的なデータであり, 1980 年代から地形生成 (terrain generation) の技術が開発されてきた. 基本となるデータ形式は「ハイトマップ」か, あるいは「ベクターフィールド」である. ハイトマップは, 座標と高さからなるデータ形式である. 一方, ここでベクターフィールドと呼ぶものは, 離散的に点在する座標とその座標に張り付いた 3 次元ベクトルからなる集合のことである.

ハイトマップにおける中点変位法は, フラクタルを生成する単純なアルゴリズムである (**図 10.5**) [43]. 例えば 2 点間の直線があったときに, まずその中点において, ある長さ $H \times$ (0 から 1,000 の間の乱数) の変位を施す. 次に

Chapter10 ゲームにおける自動生成アルゴリズム

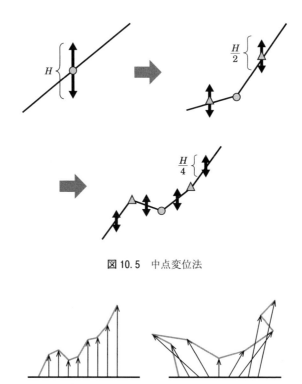

図 10.5　中点変位法

図 10.6　ハイトマップ（左）とベクターフィールド（右）

2つに割れた線分の中点において $H/2×$（0から1.000の間の乱数）の変位を施す．このように中点を増やしながら変位を2分の1ずつ小さくしていくことによって，フラクタルライクな曲線を生成することが可能である．これを二次元グリッドに対する中点として用いることによって平面を複雑に変化した地形自動生成を行う[44, 45]．

しかしハイトマップの欠点は，起伏が垂直方向に限られることである．そこでベクターフィールドを用意し，そのベクターフィールドの向きと高さの変位を行うことによって「ハングオーバー」など，より複雑な地形の形成を行うことができる（図 10.6）．『Halo Wars』（Ensemble Studios，2009年）はベクターフィールドの地形スタイルを採用し，斜めに伸びて凹凸のあるさまざまな地形を有している[46]．ただ「ベクターフィールド」の場合，自動生成

の手法は十分に研究されておらず今後の課題である.

2018年以降では,ディープラーニングを用いた地形自動生成法が盛んに研究されるようになった.実際の地形生成データをディープニューラルネットワークに学習させることによって自動生成を行う[47].今後は実際の地形データを学習させたディープラーニングを用いた地形生成が使用されることが多くなるだろう.

10.5
ベクターフィールドによる群衆制御

また,ベクターフィールドは群衆制御でも使用される技術である.ゲーム内で群衆を出すときには数十体を出す場合が多い.この群衆の数の上限は,どれぐらいのキャラクターを描画できるか,というレンダリングの限界によるところが大きい.そしてもう一つの要因は群衆の動きをいかに制御するか,という問題である.

『Hitman: Absolution』(IO Interactive, 2012年)ではセルベース上のベクターフィールドによる群衆制御を用いている[48].大量のキャラクターを動かす場合には,キャラクター同士の相互作用を考えると,キャラクターの数のべき乗の相互作用を計算する必要がある.こういった計算負荷の急激な増加を防ぐための一つの方法がセルベース上のベクターフィールドである.各セルの持つベクトルがキャラクターの加速度となる.例えば,セルのベクトルを一方向を向かせることで群衆の一定方向の流れを作る(図10.7).また二体のキャラクターがとなり同士のセルに入れば,反対方向の加速度か速度を付ける.

例えば,広場の真ん中でいきなり魔法を爆発させると,その周りの人が吹っ飛ばされ,さらにその周りの人は押されて,キャラクター同士の力学的作用をたくさん計算する必要が瞬時に発生する.このような場合には,爆発後,中心から放射状にベクターフィールドを形成する(図10.8).

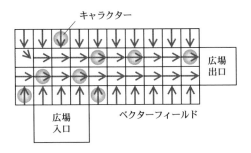

図 10.7 セル上のベクターフィールドによる人の流れの制御

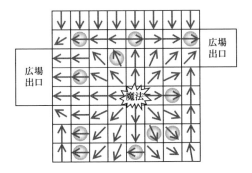

図 10.8 中心から逃げ惑う群衆のためのベクターフィールド

10.6
グラハム・スキャン・アルゴリズムによる城壁構築

　ストラテジーゲームでは「城壁を構築する」という状況がある．『Empire Earth II』(Rockstar New England，2005 年)では人工知能が既存の城と城下町の形に合わせて城壁を形成する[49]．

　さまざまな街の形状に応じて城壁を自動生成するアルゴリズムを解説する．まず街を一つのポイントから出発してボックスで囲う(**図 10.9**，次ページ)．一番下のエッジから反時計回りにエッジが建築物と衝突しているかを確認する．もしエッジが街の一部と被っていたら，その交点から外側へ垂直に，も

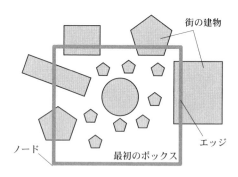

図 10.9 城と城下街の配置とそれを囲う最初のボックス

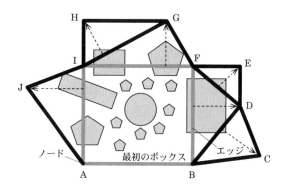

図 10.10 城壁アルゴリズム

とのエッジの半分の距離だけ移動した場所に新しいノード(点)を加える．もとの街と被っていたエッジは削除する．これを順番に繰り返していくと街を囲うような凹型のジグザグの囲いが出来上がる(**図 10.10**)．

　しかし，城壁は全体で凸型でなければならない．実際の城壁には凹型のものもあるだろうが，このゲームでは凸型という決まりである．たしかに，その方が護りやすい，ということもあるだろう．そこで「グラハム・スキャン」(Graham Scan, Ronald Graham, 1972 年)アルゴリズムを用いて凹型を凸型に変換する処理を行う．いったんすべてのエッジを取り払って頂点だけを考慮する．開始点を A として，A と他の頂点を結ぶすべてのエッジを考慮す

る．このエッジと X 軸とのなす角が小さいものからノードのソートを行う．今回の場合，$\{A, B, C, D, E, F, G, H, I, J\}$ である（H, I は本来直線上にあるが解説のため少しずらして書いた）．A から順番に 3 点を取り上げる．まず，$\{A, B, C\}$ であるが，これは反時計の順番なので，このままとする．$\{B, C, D\}$ も同様である．しかし，$\{C, D, E\}$ は時計回りになっているので真ん中の D を削除する．$\{B, C, E\}$ は反時計回りで問題ない．さらに $\{C, E, F\}$ も反時計回りなのでそのまま．$\{E, F, G\}$ は時計回りなので真ん中の F を削除する．$\{G, H, I\}$ は反時計回りなのでそのまま，しかし $\{H, I, J\}$ は時計回りなので，真ん中の I を削除する．すると $\{A, B, C, E, G, H, J\}$ は凸多角形となる（図10.11）．このような処理を通して，城壁が自動生成される．

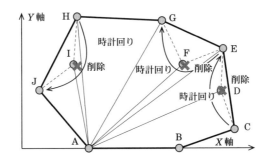

図 10.11　グラハム・スキャン・アルゴリズム

10.7 星系生成

『Eve Online』（CCP Games，2003 年〜）は 1 ダースほどの惑星を持つ 5000 個近い太陽系からなる．一つ一つの太陽系は，降着円盤モデル（Disc Accretion Model）のシミュレーションによって作られている[50]．これは，質量粒子が重力を持つ中心の周りに回転しながら降り積もることで，いくつかの凝縮した質量が形成され惑星になるモデルである．次にこれらの太陽系をつなぐ星系全体のマップは，拡散律速凝集（DLA, Diffusion Limited Aggregation）シミュレーションを用いて行われる．拡散律速凝集とは結晶の種（シー

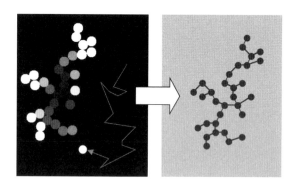

図 10.12　拡散律速凝集シミュレーションと生成された星系ルート生成

ド)となる中心に対して,遠方からブラウン運動(ランダムウォーク)する粒子が付着していくモデルである(図 10.12).『Eve Online』では,この DLA を 3 次元空間で複数のシードを用いてシミュレーションすることで星系全体を生成している.

10.8
まとめ

　現在,自動生成技術(PCG)は岐路に立ちつつある.冒頭で述べたように機械学習を用いた自動生成技術(PCGML, Procedural Contents Generation via Machine Learning)が台頭しつつある[51].また機械学習の中でも強化学習を用いた自動生成技術(PCGRL, Procedural Contents Generation via Reinforcement Learning)は大きな学習データを必要とせずシミュレーション環境における試行錯誤によって学習するためゲームと相性が良い[52].PCGML の基本となる技術は,GAN (Generative Adversarial Network, 敵対的生成ネットワーク)[53]であり,学習対象のコンテンツをそっくりに模倣する技術であるが,入力パラメータを揺らすことで,模倣したコンテンツを変形したコンテンツが生成できる.この技術を応用して生成ツールにしたものが GauGAN [54]である.この GauGAN を参考にしてさまざまな生成ツールが開発されている.例えば,公開されているアメリカの地形情報を学習し

て，さまざまな地形が生成されている[47]．また，PCGRL ではレベル(マップとオブジェクト配置の総称)を生成する人工知能をディープニューラルネットワークで生成し，生成したレベルの難易度や出来を解析やキャラクターAI による自動プレイによって評価させることで，徐々に高度なレベルを生成できるようになっていく[55]．ゲーム制作の基本は，人がデータを作ることである．自動生成は，数学的な考え方を導入することで人の作る力を拡張しているのである．

Chapter 11

ゲームにおける
進化アルゴリズム

　進化アルゴリズムは，生物の進化にヒントを得たアルゴリズムであるが，その応用範囲は広大であり，デジタルゲームもまた同様である．進化アルゴリズムは，一定の母集団を多様に変化させつつ，一定の方向にその変化を導くアルゴリズムである．デジタルゲームが自律的進化を得るためには，進化アルゴリズムが不可欠である．

　コンピュータ・サイエンスにおけるアルゴリズムは数学に含まれるのだろうか．遺伝的アルゴリズムや遺伝的プログラミングは数学の概念ではないが，アルゴリズムである．本書の目的は，ゲームに宿る数学の力を示すことではあるが，本章ではアルゴリズムを取り上げたい．進化アルゴリズムとして遺伝的アルゴリズムと遺伝的プログラミングを取り上げ，デジタルゲームの中でその原理がどのように働いており，どのような効果を得ているかを解説する．

11.1
遺伝的アルゴリズムの原理

　遺伝的アルゴリズムは，遺伝子のメカニズムにヒントを得たアルゴリズムである．要素を「遺伝子」として，その遺伝子列を「染色体」とみなす．ここで2つの染色体（親）があり，それぞれを2つの部分に分けて組み合わせると新しい染色体（子）が生成される（**図 11.1**）．これを「交叉」(crossover)という．一点で交叉させる場合を一点交叉，二点で交叉される場合を二点交叉という（**図 11.1** は一点交叉）．またある場所の遺伝子をある確率でまったく別なものにすることを「突然変異」(mutation)，一定の領域の遺伝子を取り換えることを「置換」(replacement)と呼ぶ．この「突然変異」と「置換」は染色

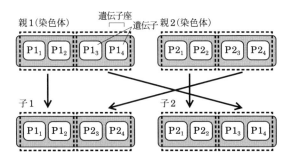

図 11.1 2つの染色体(4つの遺伝子を含む)の一点交叉

体をもとの親の染色体と大きく変化させることで遺伝的アルゴリズムで現れる局所最適解(狭い領域での最適解)を回避し大局的な最適解へ至る効果がある．

　デジタルゲームで最もよく使用される遺伝的アルゴリズムの全体の手順を説明する．数十のキャラクターにランダムに作り出した染色体を割り当てる．キャラクターたちを対戦させ成績をつける．対戦を重ねて，成績の平均値をその染色体の総合成績とする．総合成績を適合度関数(適応度関数，フィットネス関数)で変化させることで適合度(適応度，フィットネス値)を求める．適合度は，その染色体を持つキャラクターがその環境の中でどれぐらい生存に適しているかという相対的な評価値であり，適合度関数の取り方は特に決まっているわけではない．変換の仕方はゲームごとに異なる．この適合度の順番に染色体を並べて，より適合度の高い染色体を親になるための確率で選択していく．この確率的な選択の仕方を「ルーレット方式」という．このように，多数かつ多様な遺伝子配置を持つ染色体を自動的に生成しながら，より強い遺伝子配置を持つ染色体を見つけ出していく．

11.2
遺伝的アルゴリズムによるキャラクターの進化

　遺伝的アルゴリズムを森川幸人氏による『アストロノーカ』(ムームー，1998年)を題材に解説する[56, 57]．本ゲームでは，敵キャラクターの形状・頭脳の進化に用いている．『アストロノーカ』はプレイヤーが作っている野

菜を食べに来る敵キャラクター（バブー）から野菜を守るゲームである．その「トラップバトル」と呼ばれる攻防はグリッドマップ上で行われる．プレイヤーはマップ上のグリッドに「トラップ」と呼ばれるさまざまな罠を仕掛ける．バトルが始まると，さまざまなバブーはマップを通って野菜のある場所にたどり着こうとするが，トラップに引っ掛かると退散していく（図 11.2）．

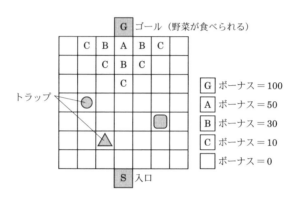

図 11.2 『アストロノーカ』の設定 [56]

バブーは染色体を持っており，染色体には「体重」「身長」「腕力」「脚力」などの身体的パラメータと「耐性かかし」「耐性怪光線」のようなトラップの特性に対する耐性（電気，熱などに対する耐性），「迂回する」「押す」「叩く」など障害物に対する回避アクションの情報を遺伝子として所持している．これらの情報をもとにトラップに対する戦いが決まる．トラップバトルは自動的な戦闘であり，ユーザーはトラップを事前に配置し，いったん始まれば見ているしかない．

各要素の遺伝子の長さは 8 ビットで，要素の数は 56 要素あり，バブー 1 体につき染色体の長さは 448 ビット長である（図 11.3）．各ビットには，ウェイト（重み）が定義され，すべてのビットが 1 になったとき，総和が 100 になるように設定されている．獲得した属性が容易に壊れないように，2 か所のビットが同じ数値を持つようになっている．各個体のトラップバトルの適合度は以下のように計算される．

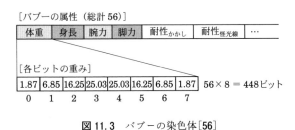

図 11.3 バブーの染色体[56]

$$適合度 = 成績 + TB時間 \times 0.3 + エンジョイ \times 0.5 + トラップ点 + 安全点 + HP \times 0.5$$

「成績」はトラップバトルのボーナス点であり,「TB 時間」はトラップバトル時間,「エンジョイ」はトラップをすべて回避してゴールに向かってしまうのを避けるためのポイント[*1],「トラップ点」はトラップをクリアしたポイント,「安全点」はトラップに対する耐性の余裕の度合い,「HP」はバトル終了時の残り HP,を意味している.この適合度を 20 体のバブーに対して計算し,順位を付ける.ユーザーが見ているのは 1 体のバブーのトラップバトルであるが,バックグラウンドでもバブーのバトル・シミュレーションが計 20 体分実行されている.シミュレーションが終わると,下位 2 体を削除し,残った集団から新しい 2 体を作り出すために遺伝的アルゴリズムが用いられる(図 11.4,次ページ).ルーレット方式を採用し,適合度に応じて親として選択される確率が高くなるように親を選択し,新しい 2 体が生成される.親 2 体は消去し,新しい子 2 体を加えて新しい世代が形成される.ここで子 2 体には突然変異が 3% の確率で起こるようになっているが,親の染色体と生成された染色体のハミング距離[*2]に応じて,突然変異確率が変動する.親から近いほど確率は大きくなり,遠いほど確率は小さくなる.

ここからはゲーム特有の工夫である.ゲームの要求として,ユーザーに「敵キャラクターが進化している」ことを感じさせねばならない.そこで,20

[*1] トラップを回避する動作はゲームをつまらなくさせるので,エンジョイとしてバブーがトラップに接することで与えらえるポイントが設定されている.触ったことでダメージがあった場合は,その分減算される.

[*2] 2 つの染色体の同じ位置で異なる遺伝子を持つ数.

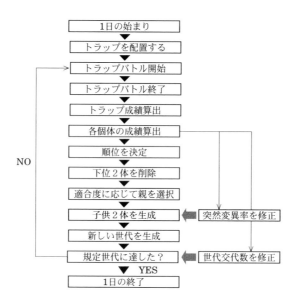

図 11.4　遺伝的アルゴリズムのフローチャート [56]

体のシミュレーションがバックグラウンドで行われているだけでなく，5世代分の世代交代の上記の進化シミュレーションがなされている．また，世代ごとに全体の適合度の平均値が計算され，その平均適合度の伸びが基準よりも少ない場合には，平均適合度が基準値に達するまで，進化シミュレーションが行われる．このような工夫によってユーザーはバブーの進化を一日ごとに感じることとなる．

11.3
遺伝的アルゴリズムによるオンラインマッチング

　チーム対戦型オンラインゲームでは，現在ログインしているユーザーの中から，お互いのチームの実力が拮抗するように，2つのチームが組まれるのが理想的である．『Total War Arena』(Creative Assembly, 2018年)における対戦マッチングのシステムの遺伝的アルゴリズムの応用の事例を説明する [58, 59]．本ゲームは10人対10人のオンライン・リアルタイム・ストラテジーゲームであるが，オンラインにいるユーザーの中から20人を選んで，2つ

Chapter 11 ゲームにおける進化アルゴリズム

のチームに分類する必要がある．このとき，チームの戦力差が小さければ小さいほど良い．

そこで，この20人の1セットを染色体とみなし，染色体の要素を敵チーム，味方チームに分類し，その戦力差の計算を行う．2つのチームの戦力差が小さいほど値が大きくなるような適合度関数で適合度を計算する．このような染色体を多数作った上で遺伝的アルゴリズムを動作させる．ルーレット方式によって高い適合度を持つ染色体を作り出す(図11.5)．

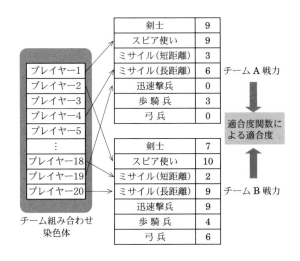

図11.5 『Total War Arena』における遺伝的アルゴリズム[58]

このようなチーム分割アルゴリズムは，一定の母集団から戦力を均等に分割する場合に広く用いることが可能である．例えばストラテジーゲームにおいて敗残兵を集めて2チームを編成する，また複数のアイテムを強さの増加が等しくなるように分配する場合にも用いることができる．2チーム編成の場合，必ずしも戦力を均等に分ける必要はなく，ウェイト値をつけて2対1の戦力になるように適合度関数を設定しても良い．

11.4
遺伝的アルゴリズムによるバランス調整

　タワーディフェンス型ゲームと呼ばれるジャンルがある．経路に沿って来る敵を経路の周辺に自動攻撃タワーを置くことで防衛する，というゲームである．タワーディフェンス型ゲームの開発の難しい点は，ゲームデザインの検証にある．ゲームデザイナーが作ったステージがどれぐらいの難易度なのか，デザイナー自身でも気づいていない難しい点が含まれているのではないか，など，どうしても懸念点が残ってしまい，それを払拭するためには，膨大な手間がかかる．

　『シティコンクエスト』(City Conquest, Intelligence Engine Design Systems, 2012 年) はタワーディフェンス型のゲームで，街同士が戦闘機を放ちあって攻撃する．タワーにはさまざまな種類があり，その組合せ数は膨大で，どのような最適な配置があるかを人間が調べ尽くすことはほぼ不可能である．そこで「遺伝的アルゴリズム」を用いて配置を生成し，自動対戦させることで，その配置を評価していく (図 11.6, 11.7)．

　シティに砲台やミサイル発射台などを配置するためには，1 つのコマンドが必要である．コマンドを重ねることでシティ全体の配置が決められる．こ

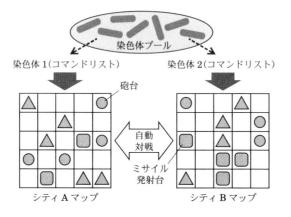

図 11.6 『シティコンクエスト』における遺伝的アルゴリズムの仕組み

```
Build = 0,11,46,Mine,8          Build = 1,11,46,Mine,8
Build = 0,11,48,Mine,16         Build = 1,11,48,Mine,16
Build = 0,11,47,Skyc,24         Build = 1,11,47,Skyc,24
Build = 0,14,42,Turr,28         Build = 1,14,42,Turr,28
Build = 0,14,40,Turr,171184     Build = 1,14,45,GrSl,100808
Build = 0,9,47,Mine 52          Build = 1,14,40,Turr,171184
Build = 0,9,47,Mine 60          Build = 1,9,47,Mine, 52
Build = 0,15,45,GrSl,100808     Build = 1,9,49,Mine, 60
Build = 0,10.,49,Drop,100812    Build = 1,12,44,RktL,100836
Build = 0,13,45,RktL,100816     Build = 1,10,49,Drop,100812
Build = 0,17,44,RktL,100820     Build = 1,13,45,RktL,100816
Build = 0,10,45,Skyc,100824     Build = 1,17,44,RktL,100820
Upgrade = 0,13,45,RktL,100816   Build = 1,10,45,Skyc,100824
Build = 0,17,49,Drop,100832     Upgrade = 0,13,45,RktL,100820
```

図 11.7 『シティコンクエスト』のコマンドリスト[59]

のコマンドを遺伝子，コマンドリストを染色体とみなして，遺伝的アルゴリズムを動かす．

　『シティコンクエスト』の開発では，遺伝的アルゴリズムによる対戦シミュレーションが，1つの PC の中で，グラフィック表示なしの高速モードで，12-14 時間かけて 100 万回行われた．本来，コーディングとチューニング含めて 3-5 週間かかっていた作業が，2 週間に縮約された[59, 60].

11.5
遺伝的プログラミングによるゲーム自動生成

　遺伝的プログラミングは2つのツリー構造を交叉させ突然変異させるアルゴリズムである．LISP や Prolog といった「括弧の入れ子構造で記述される」プログラムは，全体のプログラムをツリー構造で現すことができる．このツリー構造を交叉させることで，2つのプログラムから新しいプログラムを生成することができる．これが遺伝的プログラミングの原理である．以下，具体例を通して詳細を説明する[61, 62].

　「進化的ゲームデザイン」(Evolutionary Game Design)はゲームデザインを「括弧の入れ子構造で記述」して表現する．この表現は GDL (Game Design Language)と呼ばれる．例えば，『3目並べ(アメリカ名：Tic Tac Toe)』のゲ

ームデザインを GDL で記述すると，以下のようになる[62].

(game Tic-Tac-Toe
　　(players White Black)
　　(board
　　　　(tiling square i-nbors)
　　　　(shape square)
　　　　(size 3 3)
　　)
　　(end (All win
　　　　(in-a-low 3))
　　)
)

この構造はツリー構造で表現することが可能である(図 11.8).

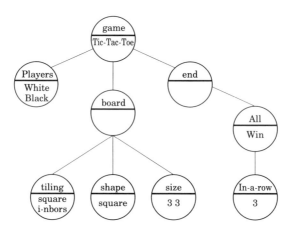

図 11.8 『3目並べ』のゲームデザイン・ツリー構造[62]

また別のゲーム『Y』の GDL は以下のようになる．

```
( game Y
    ( players White Black)
    ( board
        (tiling hex)
        (shape tri)
        (size 11)
        (regions all-sides)
    )
    ( end (All win
        (connect all-sides))
    )
)
```

この構造はツリー構造で表現することが可能である（図 11.9）．

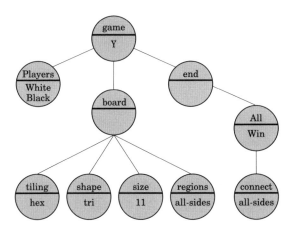

図 11.9 『Y』のゲームデザイン・ツリー構造[62]

一般に遺伝的プログラミングにおける交叉は，それぞれの染色体で交叉ノードをランダムに選択し，そのノード以下の部分木を入れ替える．今回はランダムに選択するわけではなく，同じラベルを持つノードを交叉ノードとし

て，そのノード以下の部分木を入れ替える．例えば，上記の図 11.8，図 11.9 の 2 つのツリーを「board」ノードを交叉ノードとして入れ替える．さらに，もう一度，「shape」ノードを交叉ノードとして入れ替える．すると，新しいツリーが生成される（図 11.10）．そして，この新しいゲームツリーが 1 つの新しいゲームを定義している．また突然変異（mutation）は，ある確率で枝を加える，あるいは，変数やタイプや属性を変化することであるとする．

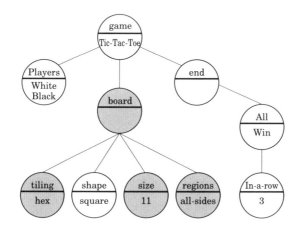

図 11.10 『三目並べ』と『Y』から生成される新しいゲーム [62]

11.5.1 ゲームライフサイクル

このように遺伝的プログラミングを用いて新しいゲームが生成されるが，この生成したゲームを評価する必要がある．遺伝的プログラミングによる交叉と突然変異を繰り返しながら，出来上がったゲームを評価する．評価の基準は，バランス，引き分けの多さ，ゲームプレイ時間であり，人工知能によるプレイが行われる．この仕組みは「ゲームライフサイクル」と呼ばれる（図 11.11）．

最初にさまざまなボードゲームのデザインが染色体として表現された母集団が形成されており，そこからさまざまなゲームが遺伝的プログラミングによって生成される．このようなゲーム生成のアルゴリズムで産み出されたゲ

Chapter11 ゲームにおける進化アルゴリズム

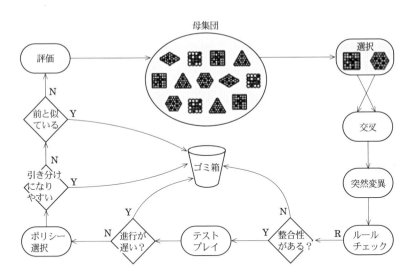

図 11.11　ゲームライフサイクル[62]

ームに『Yavalath』がある（図 11.12，次ページ）．

```
( game Yavalath
  ( players White Black)
  ( board (tiling hex) (shape hex) (size 5))
  ( end
    ( All win (in-a-row 4))
    ( All lose (and (in-a-row 3) (not (in-a-row 4))))
  )
)
```

本ゲームは一辺が 5 つの六角形からなる全体も六角形のマップがあり，白，黒とも先に 4 つを直線状に並べたら勝ちであるが，3 つ並べてしまうと負けである．つまり，2 つ続きと 1 つを，1 つの間を置いて並べておいて，間を埋めるようにして 4 つを揃える必要がある．例えば図 11.12 の左のような状態から，白が「1」を置いて以下の図の右のような状態になったとき，黒が白を

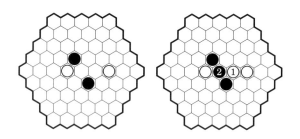

図 11.12　自動生成されたボードゲーム『Yavalath』

阻止しようとして2の黒を置くと，3つ並べてしまうので，黒の負け，白の勝利となるような駆け引きが発生する．

ゲーム生成という分野はボードゲームだけではなく，普通のアクションゲームなどへも次第に応用の幅を広げている．連続空間のアクションゲームを生み出すシステム「ANGELINA」などが有名である．

11.6
デジタルゲームと進化アルゴリズムの今後

遺伝的アルゴリズムや遺伝的プログラミングといった進化アルゴリズムを，ゲームコンテンツと結びつけることで，ゲームコンテンツを自動的に発展させることが可能となる．第11.2節のようにゲームキャラクターを進化させる，第11.4節のようにマップデザインを進化させる，第11.5節のようにゲームデザインを発展させる，などである．また遺伝的アルゴリズムには最適化アルゴリズムとして捉えることが可能であり，この側面は第11.3節のオンラインマッチングによって利用されている．

進化アルゴリズムのコンテンツへの応用の要となるのは，コンテンツをいかに表現するか，ということである．キャラクターであればその属性をパラメータ列として，マップデザインであれば配置をコマンドリストとして，チーム編成であればメンバーリストとして，ゲームデザインであればツリー構造として表現される必要がある．表現したあとは，コンテンツの内容いかんに関わらず，進化アルゴリズムを動作させることで，発展させることが可能となる．今後デジタルゲームは人の手から離れて自発的に発展・生成してい

くシステムになる．そこで進化アルゴリズムは本質的な役割を果たすと考え
られる．

Chapter 12

ゲーム，数学，人工知能
／森川幸人氏インタビュー

森川幸人
もりかわ・ゆきひと

AIクリエイター．1959年，岐阜県生まれ．1983年，筑波大学芸術専門学群卒業．モリカトロン株式会社代表取締役．主な仕事は，CG制作，ゲームソフト，スマホアプリ開発，ゲームAI開発．2004年『くまうた』で文化庁メディア芸術祭審査員推薦賞，2011年『ヌカカの結婚』で第1回ダ・ヴィンチ電子書籍大賞大賞受賞．

代表作は，

テレビ番組CG：『アインシュタイン』，『ウゴウゴ・ルーガ』（ともにフジテレビ）

ゲームソフト：『ジャンピング・フラッシュ』（ソニー・コンピュータエンタテインメント），『アストロノーカ』（エニックス），『くまうた』（ソニー・コンピュータエンタテインメント）

書籍：『マッチ箱の脳』，『テロメアの帽子』，『イオの黒い玉』，『ヌカカの結婚』（いずれも新紀元社），『絵でわかる人工知能』，『僕らのAI論』（いずれも共著，SBクリエイティブ），『イラストで読むAI入門』（筑摩書房），『絵でわかる10才からのAI入門』（ジャムハウス），など

iPhone・Androidアプリ：『ヌカカの結婚』，『アニマル・レスキュー』，『ネコがきた』（いずれもムームー），など．

12.1
企画が通ってしまったので AI を使ったゲームを作った

三宅●ゲームデザインにおいて数学を使うと聞いて，不思議に思う方も多いかと思います．ゲームデザインに「数学をうまく使う」というセンスをこのインタビューでお伺いできればと思います．例えば，森川さんは「ニューラルネットワーク」のような難しい数学をゲームデザインの中心としてうまく使った経験がある．なぜそれが可能だったのかという秘密に迫りたいのです．まず，森川さんがどういう大学生活を送って，どういう経緯で人工知能（AI）と数学とゲームを結びつけたのか，そのあたりからお聞かせください．

　森川さんは大学では芸術専門学群だったのですよね．

森川●そうです．そして高校で数学は「数学ⅡB」まで，微分は授業でやっていないですね．だからいきなりニューラルネットワークで偏微分が出てきて，「何だこりゃ」って感じで…．芸術専門学群では，入学時は油絵をやっていて，途中でデザイン，特にエディトリアルデザイン*¹に変更したのです．卒業後はアートの世界にいて，35 歳まではずっとそんな生活ですから数学は全然無縁でした．その頃に，「ゲームをやらないか」と誘われてゲーム作りを始めて，そのときにうっかり「AI を使います」なんて言っちゃったのです．そこで初めて工学系の数学という，今まで出会ったことのないタイプの数学に触れることになりました．

　『がんばれ森川君2号』（ソニー・インタラクティブエンタテインメント，1997 年）では「シグモイド関数*²」の係数とかも自分でいじっていたのですよね．

---

*1　冊子やパンフレット，雑誌・書籍などの出版物・印刷物のデザインのこと．
*2　シグモイドとは，グラフを描くと S 型（ギリシャ文字のシグマ ς 型）の成長曲線になるような単調増加関数の総称．機械学習やニューラルネットワークなどで活性化関数として使われる．シグモイド関数と呼ばれる関数は

$$\varsigma_a(x) = \frac{1}{1+e^{-ax}} = \frac{\tanh\left(\dfrac{ax}{2}\right)+1}{2}$$

と表される．a はゲインと呼ばれ，成長曲線の傾きを決める単調増加関数におけるパラメータを指す．

図 12.1 森川幸人氏

清木●そもそもどういう流れで AI を使う話になったのですか？

森川●正直もう詳しくは思い出せないのですが，たしかゲームのプロデューサーとの企画会議の場で，僕がほかのゲームの批判をしていたら何か気に入られて，「じゃあ森川君がゲームを作ってみようよ」と誘われたのです．それで，適当に「AI でパズルを自動生成します」みたいなこと言ったら，それが通ってしまいました．でも AI のことは全然わかってないし，言ってしまったからには使わないといけないということで，とりあえず AI の本を買い漁りました．当時は大きな書店でも工学系の棚の中に，AI の本なんて 2 段くらいしかなかったので全部買いました．どの順番で読んでいけばよいのかもわからないから，手当たり次第に読んでいきました．途中で「シグモイド関数」とか「バックプロパゲーション*3」が出てきて，「あれ，これは数学だ．微分って何だっけ」みたいな．

---

*3　ニューラルネットワークの学習アルゴリズムの一つで，誤差逆伝播法とも呼ばれる．本書でも Chapter 14 に解説がある．

Chapter12 ゲーム，数学，人工知能／森川幸人氏インタビュー

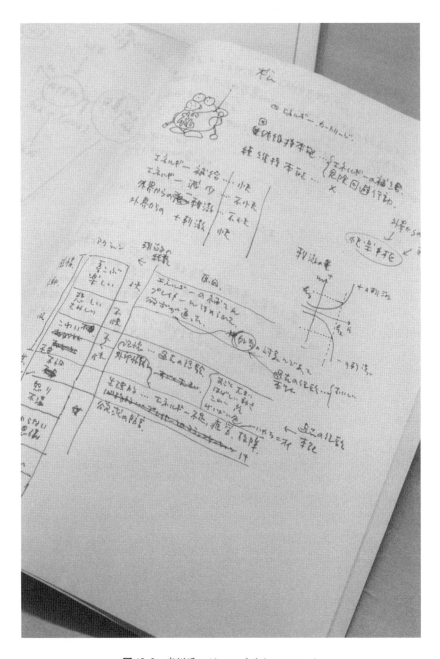

図 12.2　森川氏のゲームデザインのノート

清木●普通だったら，学んだことのない数学が本に書いてあったら諦める人が多いと思うのですが，そこを食らいついていけたのは，どうしてなのでしょう．

森川●企画が通っちゃったので(笑)．よくあんなペラ1枚の企画書でスキルチェックもしないまま通したなと．実は，高校生の頃まではずっと理系だったのです．高3のときに美術に行こうと思い立って…．だから数学アレルギーは全然なかったんですよ．ただ，いざ工学系の数学に触れると，高校までの数学とはだいぶ毛色が違うので面食らいましたけどね．

12.2
数式の書いてあるゲームの企画書はなかなか見かけない

三宅●ニューラルネットワークの挙動をどう捉えていたのですか．キャラクターが面白く動くじゃないですか．あれは最初から数学的に表現することを考えていたのですか？

森川●掛ける係数をここでいじってとか，ここに乱数を入れるとニューラルネットワークがこう推論して，こういうかわいい行動をとるに違いない，というのは，最初から数式的なイメージとして捉えていました．これがそのあたりの企画書です(**図 12.3**)．

清木●これはすごい．ゲームの企画書で数式が書いてあるというのはなかなか見ないです．これで振る舞いが分かるものなのですね．

森川●キャラクターがキョロキョロしてかわいく動く姿と状態遷移図やフロー図，ニューラルネットワークの構造が同時にイメージとして浮かんでくるのです．

三宅●そこが普通はできないですよね．一般的に，ゲームの企画書って「こういうふうに動く」みたいな図解が多くて，そこからプログラムの設計はエンジニアに任せることが多い．原理そのものが最初から企画書上で数学の形であるというのはきわめて珍しいのです．数学込みでゲームのデザインがいきなり思い浮かぶなんて，エンジニアでもなかなかいないと思うのですが，森川さんの場合は素でできちゃうんですか？

森川●そこは苦労しなかったですね．でも，最後にニューラルネットワーク

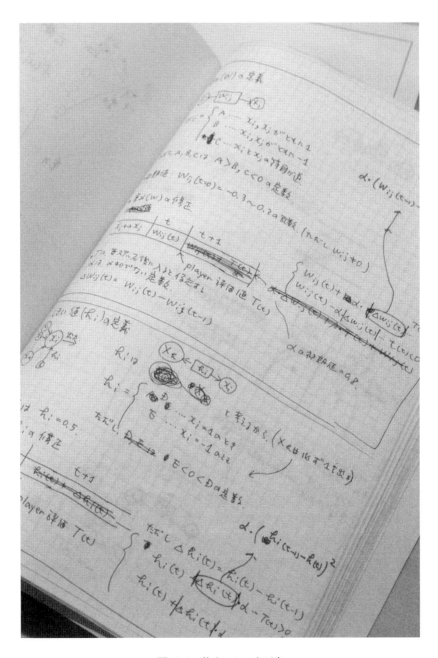

図 12.3 数式のある企画書

の形にして落とし込むところは大変でした．この頃はバックプロパゲーションの関数なんかも全部自分で書いていましたからね．当時の「PlayStation 1」は計算能力が低くて，浮動小数点演算も使えないので，シグモイド関数の改良から自分でやらないといけませんでした．指数関数をいかに減らすかとか，いろいろ工夫しました．あの頃に考えたものの一つに「モリカトロン」というものがあるんですよ．「パーセプトロン*4」をもじったもので，中で使われる指数関数の部分を外した感じです．結局うまく動かなかったのですが，その名前がその後に立ち上げた会社名の由来にもなったりしました．

12.3
数式とモノの動きを頭の中でどう結びつけるか

三宅●頭の中で，計算式がこういう関数になって，それが評価値になってこう動いて面白くなる，みたいなものが最初から思い浮かぶってことですよね．

森川●そうです．例えば乱数の振り方をこのくらいにすると，キャラクターがこういうかわいい間違いをしてくれて，その乱数の割合をだんだん減らしていくと収束して間違いを起こさなくなる，とか．そのあたりはたぶん，数式としてちゃんと記述していたと思います．

三宅●この本で取り上げたいのが，まさにそういうところなんですよね．ゲームをやる人から見ると，こういう原理はすごくガチガチの理系の人が設計図を書いてやってるように思われるかもしれません．ところが，森川さんのアプローチは数学単体というよりゲームの流れの中で数学を捉えているというか，普通の数学者とは違う数学の捉え方をされているのではないかと思うのです．ニューラルネットワークの関数などは，森川さんにとってはどう見えているのですか？

森川●そもそも生物が集団で動く場合，個体の行動アルゴリズムは，すごくシンプルなんですよ．例えば橋を架ける蟻たちは，先に進めなくなり，自分の上に仲間が2,3匹乗ってきたら動きを止める，上に乗る者がいなくなった

---

*4　視覚と脳の機能を数理モデル化したもので，機械学習でパターン認識を行うためのニューロンモデルである．画像認識などに用いられる．

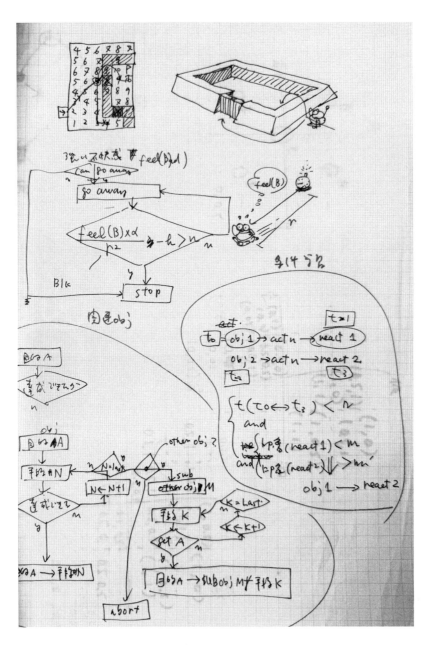

図 12.4　森川氏のアイデアノート

ら，ふたたび動き出す．ただそれだけです．「ボイドモデル*5」みたいに，単純なルールの組み合わせで複雑な振る舞いが生まれます．つまり「生物らしさ」や「かわいらしさ」も，わりとシンプルな数式やアルゴリズムで表現できるのです．要は関数は入力を受け取って出力を返すだけなので，係数などの数値のダイナミズムが動きに直接反映されるわけです．関数の傾きを見れば，これだと収束が早いからこういう動きになるだろうな，とか，そういうものは苦労せずにイメージできました．例えば，乱数を100%にしたら完全にランダムな動きになるけど，20%くらいだと，ほどよく揺らぎが出ます．でも，どのくらいの割合がよいのかは，完全に勘ですけどね．人には教えられない（笑）．

三宅●普通は数学をロジックで捉えがちですけど，森川さんはアーティストとして直感的に捉えているのかなと．微分可能性がどうとか，そういう話ではなくて，関数のダイナミズムそのものを捉えているというか…．そういう才能は，アーティストならではなのかもしれません．

森川●カオスを生み出すような数式も，自然界の複雑な動きを表現してるわけですよね．そういうものも数式で書いた方が整理しやすいし，プログラマーに頼むときも，文章で説明するよりずっと正確に表現できます．

清木●数式をコミュニケーションツールとして使うのは，数学の研究者ならよくやることだと思うのですが，ゲーム開発みたいな場で，しかも企画者がするというのはあまり聞いたことがないです．

森川●僕の場合は，関数を擬人化して捉えているところがあるかもしれません．例えばシグモイド関数だったら，急な坂道というか，急激に気がつくとか落ち着くイメージ．傾きは，かしこさに見える．1を聞いて10を知るような閃きをもつ傾きはこれ，実直に経験を重ねて覚えていく傾きはこれ，みたいに係数が頭に浮かびます．

三宅●なるほど．数式を現象として捉えているんですね．普通は数式は記号

---

*5　鳥の集団行動をシミュレーションすることをヒントにした人工生命プログラム．単純な「分散」「整列」「結合」を基本のルールとして複雑な行動をシミュレーションできるため，CGなどで多用される．

Chapter12 ゲーム，数学，人工知能／森川幸人氏インタビュー 143

的操作などに意識が向きやすいですが，現れるダイナミズムの方を先に捉える．ゲーム制作って，いろんな動きを数値化して実装しないといけないから，そのダイナミズムをどう数式で表現するかが腕の見せどころだと思いますが，そういう素養はどうやったら身につくのでしょうか．

森川●やっぱり生物がお手本になると思います．単純なルールの組み合わせで複雑な振る舞いが生まれるはずという考えが，ベースになりますね．

三宅●数学の教科書は，どうしても画一的になりがちですが，本来はもっといろんな捉え方ができるはずなんです．もちろん論理的に積み上げていく方法もあるけど，直感的に摑んじゃうっていうのも面白い．森川さんのように数学的な現象を数式の裏側で読み取るようなアプローチで数学を駆使するというのは，面白い可能性だと思います．

清木●どんなゲームでも，レベルアップの成長曲線など，数値を扱うことは必ずありますので，直感的に数式のダイナミズムが分かる人がゲームデザイナーに増えていくと，もっと生き生きとしたゲームが生まれていきそうですよね．

三宅●そういう数理的なゲームデザインの存在自体に驚く読者も多いのではないでしょうか．数学がゲームデザインと直結するなんて，あまり知られていないと思います．森川さんの中では，数学の世界とアートデザインの世界が地続きだったということですよね．

森川●数学の世界とゲームの世界と生物の世界が地続きだと思っているんですよ．特にキャラクターの育成ゲームですと，生物らしい振る舞いがすべてだと思うので．

12.4
生物の世界から数学をもう一度学ぶ

三宅●生物の世界とも地続きというのが結構びっくりですよね．そう思い始めた原体験みたいなものはありますか？

森川●リチャード・ドーキンスの『利己的な遺伝子』(日髙敏隆・岸由二・羽田節子・垂水雄二訳，紀伊国屋書店，1991年)や『盲目の時計職人』(日髙敏隆監修，中嶋康裕・遠藤彰・遠藤知二・疋田努訳，早川書房，2004年)のような本

でしょうか．ただ単に生物の行動を観察するだけではなく，「なぜそういう行動をするのか」という原理的なところに興味があったのです．

三宅●具体的な生物の現象と数学を結びつけながら理解されていたのですね．

森川●そうなんです．全体の流れとしてイメージするんですよね．ゲーム企画も，すべて生物への興味がベースにあるから，作れるゲームに偏りが出てしまって，気がつくと，自律的に動くキャラクター中心のゲームばかりになってしまいました．商業的には，あまり良くないんですけどね（笑）．

三宅●今回のインタビューで伝えたいのは，数学は別にロジカルに分解して積み上げるだけが能ではなくて，森川さんみたいに直感的に捉えるというアプローチもあるんだ，ということです．そちらに向いている人は意外といるんじゃないかなと．ロジカルな数学は嫌いな人でも，現象をダイレクトに捉えるような数学は，面白いと感じる人もいると思うんです．

清木●生物の振る舞いを見て，そこにどのような原理があるのかを考えて，それを数理モデル化できないかな，というセンスを持ってる人は，意外といるかもしれませんね．そういう人がゲームのロジックやルール設計に関わると，また違った発想のゲームが生まれそうです．遺伝的アルゴリズムなども，実際の遺伝のメカニズムからはだいぶ抽象化されていますよね．

森川●たしかに，もっと実際の遺伝子の振る舞いに即したモデルにすれば，もっと面白い結果が出るかもしれません．でもそうした方向へのチャレンジはあまりなされていないイメージで，「遺伝的アルゴリズムはこういうものだ」みたいな思考停止になっている気がします．既存のアルゴリズムをその通りに実装して，少しパラメータを変えて実験するというフローが出来上がっていて，生物の仕組みというルートにもどって改良を考えてみるということがされていない気がします．

三宅●そういうものを，自分で一から考えてみるという研究者は意外と少ないのでしょうね．

森川●今までと違う発想からスタートすれば，新しいブレイクスルーがあるかもしれない．僕はぜひ，遺伝的アルゴリズムをもっとリアルな遺伝の仕組みに近づけてみたいですね．また，これまでみたいに１キャラクターだけではなくて，生態系シミュレーションみたいなものもやってみたい．例えば，

ステージの木を切り倒しすぎたら気候が変動し，生態系が変わってしまうとか，スライムをたくさん倒しすぎたら絶滅して出現しなくなってしまうとか，個体と環境の相互作用でダイナミックに世界が変化するようなモデルを作ってみたいですね．

清木●まさに生態系ですね！

森川●でも果たして，それが面白いゲームとして成立するかは分からないですけどね(笑)．個人的な興味としては，そっちの方向に進んでいきたいです．

三宅●今日は貴重なお話をありがとうございました．

[2024 年 1 月 18 日談]

Chapter 13

ゲームにおける強化学習の数理

人工知能の学習アルゴリズムには，データから学習する場合と，試行錯誤の経験から学ぶ場合がある．強化学習は「経験から次第に学ぶ」アルゴリズムである．次第に，と書いたのは，試行錯誤の中から徐々に学んでいく，ということである．特にゲームの場合は，敵・仲間キャラクターの人工知能（キャラクター AI）や，プレイヤーの代わりにゲームをプレイする人工知能（プレイヤー AI）にとって，試行錯誤の中から上手になっていく強化学習はとても適したアルゴリズムである[64][65]．

強化学習は，1990 年代後半から次第に注目されるようになり，ディープニューラルネットワーク（DNN，Deep Neural Network）の隆盛と融合して，現在では広範な応用を持つアルゴリズムとなった．ゲームの強化学習の目標は各状態に適切な行動を選択することである．Q 学習（Q-learning）は各状態における行動の評価値 Q 値を試行錯誤の中から学習していくアルゴリズムである．Q 学習の Q は質（quality）の Q である．本章では，この Q 学習を中心に，デジタルゲームにおける強化学習の応用について解説する．

13.1
強化学習入門

本節では，デジタルゲームにおける強化学習の基本的な仕組みを解説する．ゲームの人工知能開発では，キャラクター AI にせよ，プレイヤー AI にせよ，ゲーム全体を制御するメタ AI にせよ，「変化するゲーム状態に対して適切な行動・作用を選択できること」が求められる．単純で小さなゲームであるほどその状態はシンプルで数が少なく，複雑で大きなゲームであるほど，その状態は入り組み，状態数が多くなる．

Chapter13 ゲームにおける強化学習の数理

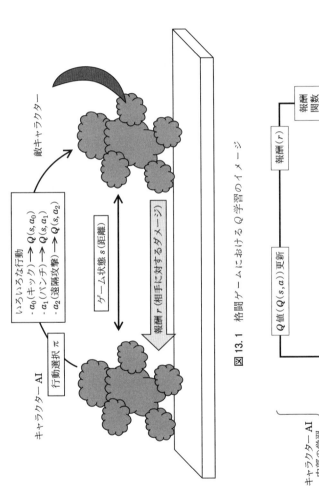

図 13.1 格闘ゲームにおける Q 学習のイメージ

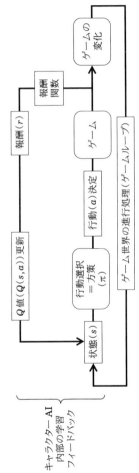

図 13.2 強化学習の仕組み

ここで強化学習を解説する準備として，格闘ゲームの状況を想定し(**図13.1**，前ページ)，記号の説明を行う(**図13.2**)．前述したように，ゲームではゲーム状態を$s \in S$として，行動$a \in A$を適切に選択することが必要である．では，その行動の適切さ・価値(Q値)とは何かと言えば

（1） 状態sからアクションaを行うことでs'になったときに，その遷移過程で何を得たか
（2） 遷移したことで，次の行動にどれぐらい有利になったか

の2点を考慮した評価値である．前者を「aを選ぶことによる報酬」として$r \in R$によって表す．格闘ゲームであれば，相手に与えたダメージ，あるいはマイナス報酬として受けたダメージ量である．後者の遷移先の状態s'の評価は，その状態が次にどれぐらい大きなチャンスを持っているかで見積もられる．具体的にはその状態が持つ最大のQ値を基準に見積もられる．

強化学習は経験によって逐次的に学んでいくアルゴリズムである．つまりフィードバックを考えた最適化である．どの行動が最もよい行動か，実際に試行することで学習していく．さまざまな局面で行動しながら，徐々に最適な行動を取るように学習する．ここで行動を選ぶ方策をπで表す．具体的に，この方策とは，ある状態に対して行動を評価する評価関数であり，今回の場合はニューラルネットワークである．この方策をいかに表現して学習させていくかが，強化学習の中心的課題である．

状態sにおいて行動aを取る確率を$\pi(a|s)$と表す．これを方策と呼ぶ．方策πとして状態sにおいて$Q(s, a)$を最大とする行動aを選択する，という方策がある．この方策は以下のように記述する．

$$\pi(a|s) = \begin{cases} 1 & (a = \operatorname*{argmax}_{u}(Q(s, u))) \\ 0 & (a \neq \operatorname*{argmax}_{u}(Q(s, u))) \end{cases}$$

$\operatorname*{argmax}_{u}(Q(s, u))$は，あらゆる行動$u$の中で$Q(s, u)$を最大にする行動，という意味である．しかし学習中にこれを行うと，常に同じ状態に対して同じ行動しか選択されなくなるため，偏った行動を取るだけになってしまう．そ

Chapter 13 ゲームにおける強化学習の数理

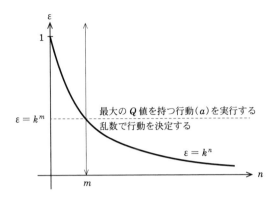

図 13.3 m 回目の試行における ε-greedy 法による方策

こで，最初はできるだけランダムに行動を選択し，学習が進んだのちは徐々に上記の方策を取るようにしたい．そこで，基準値 ε を用意して，この値以下ならランダムで行動選択をし，以上なら方策 π を取るようにする．例えば，時刻 $t = n$ $(n = 0, 1, 2, \cdots)$ における ε は以下のように定義する．

$$\varepsilon = k^n \quad (k = 0.999,\ n : 試行回数)$$

k は 1 未満の 1 に近い数であればよい．すると試行回数を重ねるほど，この値はゼロに近づいていくので，次第にランダムによる選択から Q 値による選択へと変化していく．これを「ε-greedy 法」と言う（**図 13.3**）．つまり，この値は行動の揺らぎを作るためのパラメータである．このように，Q 学習は $\{S, A, R, Q, \pi\}$ という要素によって考えるフレームである（状態価値関数を加える場合もあるが今回は解説に登場しないので省略した）．

Q 値は最初すべてゼロに設定しておく．試行錯誤を重ねることで，Q 値は次第に正確なものになっていく．歴史的には Q は関数として取り扱ってきたが，Q をディープニューラルネットワークとして表現する手法が開発された[66]．この手法は DQN（ディープ・Q-ニューラルネットワーク）と呼ばれる．DQN は多変数を入力して多変数を出力する入出力型の多階層のニューラルネットワークであり，階層の数が多い（だいたい 4 層以上の）場合に「ディープ」を付けてディープニューラルネットワークと呼ばれる．Q 関数をこの DQN によって置き換えることによって，モデル化が困難な問題に対して

も，学習によってその形が決定できるようになった．これはQ学習にブレイクスルーをもたらした．DQNはこれまで作るのが難しかったQ関数を学習ベースのDQNに置き換えることで，さまざまな応用の用途を拓いた．

Q学習をゲームに応用する場合には，試行を行うごとに逐次的にキャラクターの意思決定に関するパラメータを変更していくことになる．

13.2
Q学習の数理

本節ではQ学習の数理的な解説を行う．ゲームが進行する時系列のエージェントのQ学習を考える（図13.4）．時刻をtで表すが，tは連続量ではなく，離散値（$t = 0, 1, 2, \cdots$）である．これは実際の学習においても，デジタルゲームにおいても，時間を一定間隔ごとに区切って，各時点における状態を扱うTD法（Temporal Difference Method，時間的差分法）の考え方である．TD法に基づき時間ステップが進むたびに学習を行う手法はTD学習（Temporal Difference Learning，時間的差分学習）と呼ばれる．Q学習は$Q(s_t, a_t)$を時間ステップごとに更新していく．s_tもa_tも各時刻である値を取るので，tの関数ではなく，$Q(s, a)$の分布全体を逐次的に更新していく．この時間ステップはあまりに短くても意味がないし（例えば1/60秒の1フレームなど），長くても効果がない．一つの行動の結果が返ってくる時間幅に設定する必要があるため，それぞれのゲーム固有の時間幅である．例えば第13.4節で扱

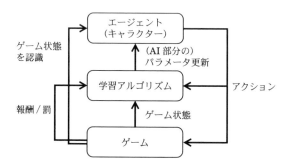

図13.4　エージェントにおける強化学習

う格闘ゲームでは1/10秒の1フレーム，つまり100ミリ秒に設定されている．

時刻 t における状態 s_t で行動 a_t を取り報酬 r_{t+1} を得た場合に，$Q(s_t, a_t)$ を以下のように更新する．例えば格闘ゲームであれば，距離1mの状態で行動「キック」を取り相手にダメージ10（報酬）を得た，などである．

$$Q(s_t, a_t) \longleftarrow Q(s_t, a_t) + \alpha(r_{t+1} - Q(s_t, a_t))$$

ここで $Q(s, a)$ は学習によって最適化されていくが，上記数式の $\longleftarrow$ は一度の試行によってもとの値が更新されていくことを示している．α は学習率と呼ばれる．学習の速度を制御するパラメータ（0から1の間の実数）である．上記の式は $Q(s_t, a_t)$ の報酬が得られると推定したが，実際は r_{t+1} の報酬を得たため，予測値と実測値の誤差 $r_{t+1} - Q(s_t, a_t)$ の α 割によって予測値の補正を行うことを意味する．α が小さいほど学習はゆっくりとなるが，大きいほど学習の揺らぎが大きくなる．α が0のときは何も学習しない（変化しない），α が1の場合は上記の式は r_{t+1} そのものになる．α は多くの場合0.1〜0.3程度の値に設定する．

$Q(s_t, a_t)$ は試行を重ねると r_{t+1} に近づいていく．つまり Q 値は期待される報酬となっていく．これは前節で述べた(1)を満たしている．次に(2)「遷移した先の状態の評価」を考慮すると，Q 値はさらに以下の式によって拡張される．

$$Q(s_t, a_t) \longleftarrow Q(s_t, a_t) + \alpha(r_{t+1} + \gamma \max_a Q(s_{t+1}, a) - Q(s_t, a_t))$$

$\max_a Q(s_{t+1}, a)$ が意味するのは，時刻 $t+1$ における Q 値の行動 a を変数とする最大値である．これは，一つ先の状態 s_{t+1} において期待される最大の報酬である．ただ，次に実際に最大の報酬が得られるという保証はないので，γ 割だけ加えておく．γ は割引率と呼ばれる値であり，予想される Q 値の何割を報酬に加えるかを意味する．つまり γ が大きいほど将来の報酬を考慮し，小さいほどその瞬間の報酬を重視する，ということになる．γ は多くの場合，0.8や0.9などを想定する．

上記の式は以下のように変形できる．

$$Q(s_t, a_t) \longleftarrow (1 - \alpha)Q(s_t, a_t) + \alpha(r_{t+1} + \gamma \max_a Q(s_{t+1}, a))$$

本式は荷重平均の形をなしており，α が定義する割合で，$Q(s_t, a_t)$ が

$$r_{t+1} + \gamma \max_a Q(s_{t+1}, a)$$

へ近づいていくことを意味する．この式の意味を考えると，状態 s_t における行動 a_t の Q 値 $Q(s_t, a_t)$ は，a_t によって得られる報酬と，さらに遷移先の状態 s_{t+1} において期待される最大の報酬値の割合 γ を足し合わせたものになる，ということである．つまり，すぐに得られる報酬とその先の報酬の幾分かを考慮した値，ということになる．

13.3
格闘ゲームにおけるテーブル型 Q 学習

本節では格闘ゲームを題材に具体的な Q 学習の動作を解説する [67][68]．アクション（行動）と状態が有限個であれば，$Q(s, a)$ はテーブルで表現することができる．例えば，格闘ゲームにおいてアクションは有限個である．通常十数個のアクションになることが多いが，ここでは解説のために「キック」「パンチ」「遠隔攻撃」「一歩近づく」「一歩遠ざかる」など5つとしよう．また，状態は3次元連続空間ではあるが，2体のキャラクターの相対位置を，ここでは簡略化して「近い（1 m 以内）」「中間（1〜2 m）」「遠い（2〜3 m）」の3段階で考える．すると，$Q(s, a)$ は（状態3つ）×（アクション5つ）のテーブルにすることが可能である（表 13.1）．このように Q 値をテーブルとして学習する方法を「テーブル型 Q 学習」（Tabular Q-Learning）と呼ぶ．

この例に沿って，Q 学習を説明していく．ここで学習率 α を 0.1，割引率 γ を 0.9 とする．Q テーブルの Q 値を 0.0 で初期化する．報酬は例えば強い敵キャラクター AI を作るのであれば，与えるダメージを相対化した量でよい．例えば，0 から 100 の間の値になるように再計算する．

最初は「中間」からスタートする．試行回数 $k = 0$ 番目である．最初は行動選択の基準値が $\varepsilon = 1$ であるから，乱数で行動を選択する．例えば「キック」であったとする．「キック」をして相手にダメージ 50 を与えて，「遠い」状態になったとする．すると Q（中間, キック）は以下のように更新される（表 13.2）．

$$Q(\text{中間, キック}) = 0.0 + 0.1(50 + 0.9 \times 0.0 - 0.0) = 5.0$$

次に「遠い」状態において，試行回数 $k = 1$ 番目を行う．$\varepsilon = 0.999$ であり，

表 13.1 格闘ゲームのQテーブル

a＼s	キック	パンチ	遠隔攻撃	一歩前進	一歩後退
近い	Q(近い, キック)	Q(近い, パンチ)	Q(近い, 遠隔攻撃)	Q(近い, 一歩前進)	Q(近い, 一歩後退)
中間	Q(中間, キック)	Q(中間, パンチ)	Q(中間, 遠隔攻撃)	Q(中間, 一歩前進)	Q(中間, 一歩後退)
遠い	Q(遠い, キック)	Q(遠い, パンチ)	Q(遠い, 遠隔攻撃)	Q(遠い, 一歩前進)	Q(遠い, 一歩後退)

表 13.2 Qテーブルの更新

a＼s	キック	パンチ	遠隔攻撃	一歩前進	一歩後退
近い	0.0	0.0 →7.95	0.0	0.0	0.0
中間	0.0 →5.0	0.0	0.0 →9.0	0.0	0.0
遠い	0.0	0.0	0.0	0.0	0.0

（注記：2回目、1回目、0回目、次の行動は未定）

乱数によって「遠隔攻撃」が選択され，相手にダメージ 90 を与えて「近い」状態になったとする．すると $Q(遠い, 遠隔攻撃)$ は以下のように更新される．

$$Q(遠い, 遠隔攻撃) = 0.0 + 0.1(90 + 0.9 \times 0.0 - 0.0) = 9.0$$

次に「近い」状態にあり，試行回数 $k = 2$ 番目である．$\varepsilon = 0.999^2$ であり，乱数によって「パンチ」が選択され，相手にダメージ 75 を与えて「中間」状態になったとする．すると $Q(近い, パンチ)$ は以下のように更新される．

$$Q(近い, パンチ) = 0.0 + 0.1(75 + 0.9 \times 5.0 - 0.0) = 7.95$$

さらに「中間」状態にあり，試行回数 $k = 3$ 番目である．$\varepsilon = 0.999^3$ であり，乱数によって「一歩後退」が選択された．この場合，相手にダメージは与えられずに「遠い」状態になる．すると $Q(中間, 一歩後退)$ は以下のように更新される．

$$Q(中間, 一歩後退) = 0.0 + 0.1(0.0 + 0.9 \times 9.0 - 0.0) = 0.81$$

解説の最後として「遠い」状態にあり，試行回数 $k = 4$ 番目を考える．$\varepsilon = 0.999^4$ であり，乱数によって，Q 値が最大のものを選択することになった．つまり「遠隔攻撃」が選択され相手にダメージ 70 を与えてそのまま「遠い」状態になったとする．すると $Q(遠い, 遠隔攻撃)$ は以下のように更新される（**表 13.3**）．

$$Q(遠い, 遠隔攻撃) = 9.0 + 0.1(70 + 0.9 \times 9.0 - 9.0) = 15.91$$

このように試行を重ねていくと，第 13.2 節で説明したように次第に Q 値が収束して Q テーブルが完成されていく．

表 13.3 さらなる Q テーブルの更新

s \ a	キック	パンチ	遠隔攻撃	一歩前進	一歩後退
近い	0.0	7.95	0.0	0.0	0.0
中間	5.0	0.0	0.0	0.0 【3回目】	0.0 →0.81
遠い	0.0	0.0 【次の行動は未定】	9.0 →15.91 【4回目】	0.0	0.0

13.4
ディープ・Q-ネットワーク

本節では，Q学習の発展として，$Q(s, a)$関数をディープニューラルネットワークとして学習させる手法を解説する（**図 13.5**，次ページ）．DQN は『AlphaGo』の開発で有名な DeepMind 社が開発した手法であり，それまでプロに勝つことが難しかった囲碁 AI を一気にトッププロに勝ち越す段階にまで飛躍させた[**66**]．このブレイクスルーから DQN による実に多くの応用が見いだされることとなった．2015 年以降，DQN はゲーム AI 研究でさまざまな応用が展開されることになる．

解説のための事例として，Ubisoft La Forge 研究所が『FOR HONOR』（Ubisoft，2017 年）のゲームを題材に行った研究から例に説明する[**69**][**70**]．2 体の騎士キャラクターが戦い合う 3 次元格闘ゲームのデモであり，一方は既にシンボリックな手法（たとえばルールベースやビヘイビアベースなど）で作られたキャラクター AI である．一方もキャラクター AI であるが，意思決定が DQN となっている．キャラクターが持つセンサーから「敵キャラクターへの距離」「自分の体力」「自分の身体状態」「アニメーション ID[*1]」「敵の身体状態」などが入力される．出力側のアクションは「剣を振る」「でんぐり返しをする」「前に進む」「後ろさざる」などである．このアクションの列を a_n $(n = 0, 1, 2, \cdots)$ とする．DQN の出力側には $Q(s, a_n)$ $(n = 0, 1, 2, \cdots)$ が並んでいる．

学習の仕方は，ある状態 s_t において行動 a_n を行ったとき報酬 r_{t+1} を観察する．状態は s_{t+1} に遷移する．そこから，$Q(s_t, a_n)$ が本来取るべき値，

$$r_{t+1} + \gamma \max_a Q(s_{t+1}, a)$$

を計算する．$\max_a Q(s_{t+1}, a)$ は再度 DQN を用いて計算することができる．そして，以下の E を最小になるようにニューラルネットワークの重みを変えていく（ニューラルネットワークの学習法は今回は割愛する）．

[*1] アニメーションデータの番号．

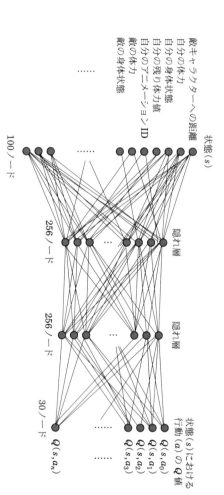

図 13.5 DQN

$$E = (r_{t+1} + \gamma \max_a Q(s_{t+1}, a) - Q(s_t, a_n))^2$$

このような学習を逐次的に行うことで，DQN の学習が進んでいく．実際は，ある程度のデータを貯めてから学習する，並列に DQN を設置して複数のゲームを同時に実行する，など高速化の手段が取られる．

13.5 デジタルゲームへの実践的応用

本節では強化学習のデジタルゲームにおける応用事例を解説する．MMORPG『Blade & Soul』(NCSoft，2014 年)における格闘戦闘では，ディープニューラルネットワークによる強化学習が応用されている[71][72]．図 13.6 のように強化学習のシステムが組まれている．特にゲーム産業では，強化学習によってキャラクターの個性，多様性，カスタマイズ性(生成される DNN を特徴付けられるか)が求められる．ここでは，さまざまなキャラクターの個性を報酬系や学習時間によってコントロールする手法を紹介する．

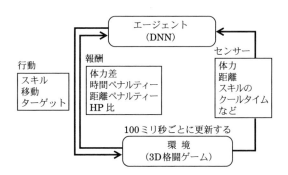

図 13.6 『Blade & Soul』のエージェント・アーキテクチャ

13.5.1 基本的な学習システム

エージェントはセンサーで自分と敵の体力，SP (本ゲーム特有の数値)，距離，そして 45 あるスキルのクールタイム(次に発動可能となるまでの時間)，

身体状態(空中，気絶状態，ダウン，膝を着いている，など)を状態として持つ．距離は5段階に分けられる(0〜3m, 3〜5m, 5〜8m, 8〜16m, 16m以上)．これがディープニューラルネットワークに入力される．出力されるアクションは，各瞬間に144のバリエーションがある(平均して8個のスキルが使用可能であり，9つの方向(動かないを含む)と2つの動作(敵と向き合うか，ある方向に移動する)がある)．そこで，行動の決定を2つに分割し「スキル」a^{Skill}と，「ターゲットへの移動(方向と動作)」$a^{\mathrm{move.target}}$とする．基本となる報酬は2つあり，一つは体力に関する報酬r_t^{HP}，もう一つは戦闘に関する報酬r_t^{WIN}である．総合的な報酬r_tは以下のように与えられる．

$$r_t = r_t^{\mathrm{HP}} + r_t^{\mathrm{WIN}}$$

ここで，r_t^{HP}は以下のように定義される．

$$r_t^{\mathrm{HP}} = (\mathrm{HP}_t^{\mathrm{ag}} - \mathrm{HP}_{t-1}^{\mathrm{ag}}) - (\mathrm{HP}_t^{\mathrm{op}} - \mathrm{HP}_{t-1}^{\mathrm{op}})$$

つまり，敵の体力$\mathrm{HP}_t^{\mathrm{op}}$と自分の体力$\mathrm{HP}_t^{\mathrm{ag}}$の差が時刻$t-1$から$t$で相対的にどれだけ開いたかを示す．体力は0から10の間に相対化されている．また報酬r_t^{WIN}は相手にダメージを与えれば$+10$，与えられれば-10となる．これは基本的な報酬である．基本的には，この仕組みのもとに強化学習を行うことで格闘戦闘が行えるようになる．

13.5.2 キャラクターの個性付け

さらに，キャラクターに戦闘スタイルの個性を付けるために追加報酬を設定する．ただ，ここで設定する報酬は総じてマイナス報酬，つまりペナルティーであり，このペナルティーを最小にするように学習させることで個性を演出する．表現したいキャラクターの個性は「攻撃型」(Aggressive)，「バランス型」(Balanced)，「防御型」(Defensive)の3つである．攻撃型は相手をとにかく果敢に倒しにいく，バランス型は自分と相手が押しつ押されつつ戦う，防御型は守りを重視した戦い方をする．この個性を出すために，3つの報酬を用意する．「時間によるペナルティー」，「距離によるペナルティー」，「HPの比」である(表13.4)．

第一に，「時間によるペナルティー」はゲームを短時間で引き締めるために用いられる．キャラクターが攻撃型である場合には，より短時間で敵を倒そ

表 13.4　個性付けのための報酬

	攻撃型	バランス型	防御型
時間ペナルティー	0.008	0.004	0.0
距離のペナルティー	0.002	0.0002	0.0
目標とする HP 比	5 : 5	5 : 5	6 : 4

うとする必要がある．そのために，攻撃型では 1 ステップごとに −0.008 の報酬，バランス型では −0.004 の報酬とする．第二に，「距離によるペナルティー」は，敵との密接に戦っているように見せたい場合に用いる．適切な戦闘距離を超えた場合には，攻撃型の場合は −0.002，バランス型の場合は −0.0002 が単位ステップあたりの報酬として与えられることになる．第三に，敵と自分の HP の比の理想的な値が，それぞれの個性で設定される．攻撃型・バランス型の場合は自分と敵の HP の比は 5：5，防御型の場合は 6：4 である．この相手と自分の HP の比がこの設定から外れるとペナルティーが与えられる（具体的なペナルティーの値は公開されていない）．このような報酬のアレンジによって，本ゲームはキャラクター AI の個性付けを行う．

　さらなる工夫としてさまざまなレベルのキャラクターを生成するための，学習過程における DNN を残している．それぞれの学習時間（3 時間，25 時間，53 時間，66 時間，90 時間，142 時間，163 時間）における DNN が保存され，この DNN を持つキャラクターが，キャラクタープールに格納される．そして，必要に応じて，それぞれの強さを持ったキャラクターが使用される．

13.6
まとめ

　本章ではデジタルにおける強化学習の仕組みと応用を解説した．強化学習はビックデータがなくてもシミュレータがあれば実行することができる，デジタルゲームと相性のよい学習方法である．特に産業における研究事例も増加している．ビックデータと機械学習は長い時間をかけて高性能な人工知能を生み出す方法であり，ディープラーニングの初期の台頭を支えてきた．しかし，現在はシミュレータと強化学習による逐次的な学習，という新しいフ

レームが登場している.「ビックデータと機械学習」「シミュレータと強化学習」は広大な人工知能を支える2つの大きな柱となろうとしている.

Chapter 14

ゲームにおける
ニューラルネットワークの数理

　ニューラルネットワーク（Neural Network, NN. 以下，ニューラルネットと略す）の応用は，デジタルゲーム産業において，ディープラーニングの隆盛によって大きく発展しつつある．デジタルゲームにおけるニューラルネットの応用は 1990 年代に始まるが，90 年代，2000 年代を通して事例は微々たるものであった．2010 年代前半に入ってもそれはたいして変わらなかったが，2014 年以降のディープラーニングの隆盛が 2010 年代後半にはデジタルゲーム産業にも波及した．しかしゲーム産業におけるディープニューラルネットワーク（DNN, Deep Neural Network）の応用は，今まさに真正面から壁に力強く当たろうとしている．

　ディープニューラルネットのデジタルゲームへの応用の壁は 3 つある．

1. ゲームデザインに合わせてチューニングする手法が確立されていないこと
2. メモリ・計算量が大きいこと
3. ゲーム開発工程への組み込みが必要であること

三番目の開発工程への組み込みについて補足すると，ディープラーニングは既にゲームがあって学習をさせるのが通常であるが，デジタルゲーム開発はそもそもゲームを開発するところから始まるものであり，ゲーム開発が終わってからディープラーニングを応用するのでは役に立たないところが問題となる．ゲーム開発工程の中にディープニューラルネットの作成をどのように入れるか，が課題なのである．デジタルゲームを外側からプレイする AI を作ることと，ゲームの構成要素として，内側からディープニューラルネット

をデジタルゲームへ組み込むことは異なることである.

本章では，デジタルゲームにおけるニューラルネット，ディープニューラルネットの数理に焦点をあてて解説していく．

14.1 ニューラルネットワークの数理

人工ニューラルネットワーク(Artificial Neural Network，ANN)は人工ニューロン(Artificial Neuron)のネットワーク・グラフである．ただ慣例に従い，ここでは単にニューラルネット，ニューロンと呼ぶ．ニューロンとは本来，神経細胞のことである．脳は神経素子が軸索でつながった回路である，ということは19世紀の終わりには知られていた．その後，20世紀前半にイギリスのアラン・ホジキン博士(1914-1998)とアンドリュー・ハクスレー博士(1917-2012)が神経素子の間でどのように電気が流れるかを解明したのが，有名なホジキン-ハクスレー方程式である．この仕事によって，2人は1963年のノーベル生理学・医学賞を受賞することになる．ゲーム産業においてニューラルネットを考える場合に，この方程式をそのまま用いることはなく，より簡単なモデルを用いる．ここでは，その簡単なモデルを説明する[73]．

14.1.1 ニューロンの数理

まず，ニューラルネットの要素となるニューロンの数理について述べる．入力が複数あり，出力が一つあるニューロンを考える(図 14.1)．

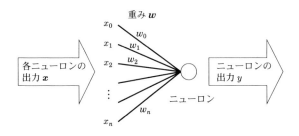

図 14.1　ニューロンの性質

そのニューロンにつながったニューロンの出力，そして各ニューロンから今考えているニューロンへつながる結線の重みを以下のように定義する．

$$\boldsymbol{x} = (x_0, x_1, x_2, \cdots, x_n), \qquad \boldsymbol{w} = (w_0, w_1, w_2, \cdots, w_n)$$

すると，ニューロンの出力 y（スカラー量）は以下のように定義できる．

$$y = g(\boldsymbol{w}\boldsymbol{x}^T) \tag{14.1}$$

ここで関数 g はニューロンの入力と出力の関係を表すが，多くの場合シグモイド関数が用いられる．（0, 1 のステップ関数や tanh 関数が用いられることもある．） 本稿では以下のシグモイド関数を用いる． θ はここでは定数である．

$$g(u) = \frac{1}{1+e^{-u+\theta}}$$

特にシグモイド関数は以下の微分方程式を満たす．

$$\frac{dg(u)}{du} = (1-g(u))g(u)$$

ニューラルネットの学習とは，式 (14.1) の重み $\boldsymbol{w}$ を変化させることである．

14.1.2 ニューラルネット

ニューラルネットとは，ニューロンが連結したものである．どのような連結の仕方が適切であるかは，実は分かっていない．なぜなら，人間の脳の中の 1000 億個のニューロンのつながり方がほとんど解明されていないからである．脳の中の神経素子は，複雑かつリカレント（回路がループ）しており，作動原理も解明できていない．そこで，1950 年代には層状にニューロンを束ねて，入力層，中間層（1 層から複数の層まで），出力層とつないでいく（全結合）アーキテクチャでまずは実験することとなった．しかし，現在でも，このアーキテクチャはほぼそのまま変わっていない．部分的に解明された視覚を処理する脳の一次野の神経回路はディープニューラルネットとして応用されている．

ニューラルネットの数理について説明する．ここで説明のために，3 層構造のニューラルネットを考える（**図 14.2**，次ページ）．隠れ層 (H)，出力層 (O) として，その重みをそれぞれ w_{jk}^H, w_{jk}^O として表すと，中間層の出力，最終

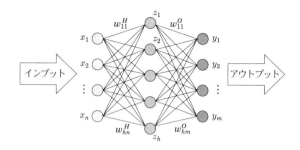

図 14.2 3層のニューラルネット

層の出力は以下のように表される.

$$z_j = g\left(\sum_{k=1}^{n} w_{jk}^H x_k + w_{j0}^H\right), \quad y_j = g\left(\sum_{k=1}^{h} w_{jk}^O z_k + w_{j0}^O\right)$$

ここで w_{j0}^H, w_{j0}^O は定数である. 仮想的な入力 $x_0 = 1$, $z_0 = 1$ に対する重みであるとすると, 形式上, 簡単になる.

14.1.3 誤差逆伝播法

このような層状のニューラルネットの学習方法で, 最もよく用いられるのが, 誤差逆伝播法(バックプロパゲーション, Back Propagation)と呼ばれるものである. 入力に対して決まった出力を学習するのが教師あり学習であり, この決まった出力は教師信号と呼ばれる. この実信号と教師信号の差を埋めるように重みを調整するアルゴリズムが誤差逆伝播法である(**図 14.3**).

以下, 数学的に説明する. 時刻 t における教師信号を $\hat{\boldsymbol{y}}(t)$ とすると, 以下に定義する二乗誤差 $E(t)$ を最小化するようにニューラルネット全体の重みを変化させることである.

$$E(t) = \frac{1}{2}\|\boldsymbol{y}(t) - \hat{\boldsymbol{y}}(t)\|^2 = \frac{1}{2}\sum_{i=1}^{m}(y_i(t) - \hat{y}_i(t))^2$$

この重み w_{ij}^O に対する変分は

$$\frac{\partial E}{\partial w_{ij}^O} = \frac{\partial E}{\partial y_i}\frac{\partial y_i(t)}{\partial w_{ij}^O} = (y_i(t) - \hat{y}_i(t))\frac{\partial g\left(\sum_{k=0}^{h} w_{ik}^O z_k\right)}{\partial w_{ij}^O}$$

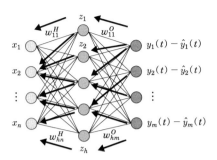

図 14.3 誤差逆伝播法

$$= (y_i(t)-\hat{y}_i(t))g'\left(\sum_{k=0}^{h} w_{ik}^O z_k\right)z_j(t)$$

である．この式は一つの重みに対する変化を，出力ノードの誤差から逆に伝播して求めているとみなすことができる．

また重み w_{jk}^H に対する変分は

$$\frac{\partial E}{\partial w_{jk}^H} = \frac{\partial E}{\partial z_j}\frac{\partial z_j(t)}{\partial w_{jk}^H}$$

$$= \sum_{i=1}^{m}(y_i(t)-\hat{y}_i(t))\frac{\partial y_i}{\partial z_j}\frac{\partial z_j(t)}{\partial w_{jk}^H}$$

$$= \sum_{i=1}^{m}(y_i(t)-\hat{y}_i(t))g'\left(\sum_{k=0}^{h} w_{jk}^O z_k\right)w_{ij}^O \times g'\left(\sum_{k=0}^{n} w_{jk}^H x_k\right)x_k(t)$$

である．上記の式における

$$\frac{\partial E}{\partial z_j} = \sum_{i=1}^{m}\frac{\partial E}{\partial y_i}g'\left(\sum_{k=0}^{h} w_{jk}^O z_k\right)w_{ij}^O$$

は，出力ノード ($i = 1 \sim m$) における誤差に重みを掛け合わせた量であり，中間ノード j に対する誤差の集積とみなすことができる．これは，誤差を出力側から入力側に向かって逆伝播させて考えている．この方法は3層以上でも同様である．誤差逆伝播法は 1980 年代から広く使われはじめ，90 年代からゲーム産業においても応用がはじまることとなる [74]．

14.2 ニューラルネットの応用

このような誤差逆伝播法は，主にゲーム開発段階において，ニューラルネットを学習させる場面で使われてきた．例えば，『Supreme Commander 2』(Gas Powered Games，2010年)は小隊を準備して，敵と戦うリアルタイムストラテジーゲームであり，小隊は自律的に戦う．その小隊の意思決定アルゴリズムにおいて大まかな行動はステートマシン(状態遷移図)[*1]で行うが，複数の敵と遭遇したときに攻撃する敵を選択するロジックについてはニューラルネットが用いられている[75]．つまり小隊のニューラルネットは，どの敵と戦うべきかを決定する(図14.4)．

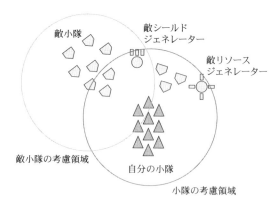

図14.4 『Supreme Commander 2』における小隊の考慮領域

14.2.1 ニューラルネットの形状

この小隊の持つニューラルネットの形状はマルチレイヤー(多層)・パーセプトロン(Multilayer Perceptron，MLP)であり，入力から出力に向かって層

[*1] 入力と現在の状態によって次の状態が決まる論理回路．

Chapter 14 ゲームにおけるニューラルネットワークの数理

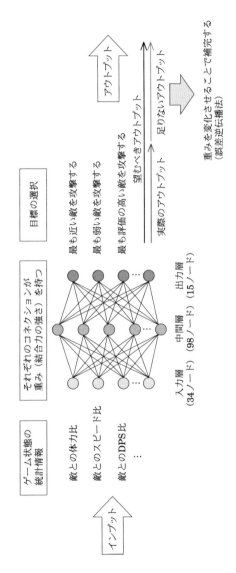

図 14.5 『Supreme Commander 2』における各小隊の持つニューラルネット [75]

状にニューラルネットがつながっている3層構造である．中間層（隠れ層）は98個のニューロンからなる（**図14.5**，前ページ）．

入力層は34個のニューロンからなる．インプットは，AIユニットの一定半径以内にある，敵・味方の情報を収集し，敵全体と味方全体の以下の量の比を入力とする．「ユニットの数」，「ユニットの体力」，「各時間におけるダメージの総量（damage per second, DPS）」，「移動スピード」，「防御力」，「短距離DPS」，「中距離DPS」，「長距離DPS」，「修理率」，などである．これらの17個の比とその逆比を含めて34個の入力の値はすべて0から1の間にクランプ（規格化）される．

出力層のレイヤーは15個のニューロンからなり，それぞれのノードは「最も近い敵を攻撃する」「最も弱い敵を攻撃する」「最も価値の高い敵を攻撃する」などの0〜1の評価値である．最大値を取ったノードの行動を選択する．これらの出力がどれも0.5を超えない場合は撤退する．

14.2.2 誤差逆伝播法による学習

学習は，AI小隊同士の対戦によって行う．仕組みとしては以下のようである．小隊のニューラルネットはランダムなアクションを選択する．まずそのアクションを選択した結果，どれぐらい自分にとってゲームが変化したかを以下の式で計算する．ここに出てくるパラメータはインプットで用いる17個のパラメータであり，小隊の一定半径内の考慮領域における統計によるものである．

$$
\begin{aligned}
&自分としての評価値 \\
&= \frac{アクション後のユニットの数}{アクション前のユニットの数} \\
&\quad + \frac{アクション後のユニットの体力}{アクション前のユニットの体力} \\
&\quad + \frac{アクション後の各時間におけるダメージの総量}{アクション前の各時間におけるダメージの総量} \\
&\quad + \cdots
\end{aligned}
$$

次に「敵としての評価値」は，上記の式を敵に置き換えたものとなる．た

だし敵の考慮領域内における情報のみを用いる．ここから選択したアクション
ンに対してニューラルネットが出すべきであった信号の強度を以下の式に従
って計算する．

　　そのアクションに対して望むべきアウトプット

　　＝実際に出力した信号の強度

　　　　×(1＋(自分としての評価値−相手の評価値))

このアウトプットは，自分としての評価値が高ければもっと高い強度を出
すべきであったし，相手の評価値が高ければもっと弱く出すべきであること
を意味する．このように，ランダムにさまざまなアクションを取るごとに評
価を計算し，そのアクションに対応する出力ノードに対して，望むべきアウ
トプットと実際のアウトプットの差を計算し，その差を埋められるようにニ
ューラルネットの結合の強さを，誤差逆伝播法に従って変化させていく．

14.3
ニューロエボリューション

ニューラルネットの学習方法はほとんどが誤差逆伝播法によるものだが，
手法はそれだけではない．遺伝的アルゴリズムによってニューラルネットの
トポロジーを変化させる方法は「ニューロエボリューション」(Neuro-Evo-
lution)と呼ばれる．

14.3.1 ニューロエボリューションの実例

ここでは，その一つである「NEAT」(Neuro-Evolution of Augmenting
Topologies)と呼ばれる手法の原理を説明する．この手法はゲームデモ
『NERO2.0』(ケネス・スタンレー，2006 年)において開発された[76, 77]．
『NERO』は「Neuro-Evolving Robotic Operatives」の略称で，NEAT を用い
てキャラクターの頭脳を進化させていく．キャラクターは最初，入力層と出
力層しかない簡単なニューラルネットを持っており，一定の空間の中で遠隔
攻撃によって戦い合い，成績がつけられる．上位の成績のキャラクター 2 体
から新しいキャラクターを生み出し，下位 1 体と入れ替え続けることで，集
団として進化していく(**図 14. 6**，次ページ)．

図 14.6 「NERO」における集団進化の仕組み [76]

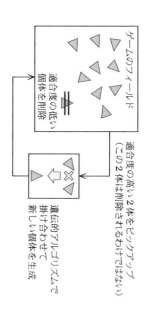

Weight:	1.2	Weight:	−3	Weight:	0.7	Weight:	−2.1	Weight:	1.1	Weight:	0.8	Weight:	−1
From:	1	From:	1	From:	2	From:	3	From:	3	From:	4	From:	5
To:	3	To:	4	To:	4	To:	4	To:	5	To:	5	To:	5
Enabled:	Y	Enabled:	Y	Enabled:	Y	Enabled:	Y	Enabled:	N	Enabled:	Y	Enabled:	Y
Recurrent:	N	Recurrent:	N	Recurrent:	N	Recurrent:	N	Recurrent:	N	Recurrent:	N	Recurrent:	Y
Innovation:	1	Innovation:	6	Innovation:	2	Innovation:	6	Innovation:	3	Innovation:	4	Innovation:	7

無効

図 14.7 リンク（ニューロンのつなぎ方）を定義する遺伝子とその集合である染色体

14.3.2 NEAT アルゴリズム

まずニューラルネットの形状を遺伝子で表現するために，染色体の含む遺伝子の表現を**図 14.7**（前ページ）のように取る[78]．一つ一つの四角が遺伝子で全体が染色体である．Weight は各ノードのおもみであり，From は開始ニューロンの ID であり，To は終点ニューロンの ID であり，この遺伝子が 2 つのノードをつなぐことを意味する．Enabled はこの遺伝子を発現（利用）する場合が Y，しない場合が N である．Recurrent はこのつなぎ方がリカレントしているか，つまり大きな ID から小さな ID へのつなぎ方になっているかのフラグであり，Innovation は管理するための ID である．遺伝子の集合の染色体によって一つのニューラルネットが定義される．

2 つのニューラルネットを親 1，親 2 として，この 2 つのニューラルネットの染色体を交叉させて（組み合わせて）新しいニューラルネットを作り出す（**図 14.8**，次ページ）．まず 2 つの染色体の中の遺伝子を Innovation ID に沿って並列に配列する．同じノード ID は同じ列に配列されるように位置を調整する．ここで相手とマッチングがない遺伝子たちを「ディスジョイント」（disjoint），末端でかつマッチングがない遺伝子を「エクセス」（excess）と呼ぶ．

ここで 2 つの親のうち適合度の高い遺伝子を選択し，母体とする．つまりディスジョイントとエクセスはこの母体となる遺伝子を選択する．マッチングがあるものに関してはどちらかをランダムに選択する．ここでは「親 2」を適合度の高い方としたので「4, 5, 8, 9」というディスジョイントと「15」のエクセスが選択される．ほかの ID に関してはランダムで決定する．すると新しい染色体が 4 体生み出される．つまり，新しいニューラルネットが 4 体生成される．その他の形状生成の応用もある[79]．

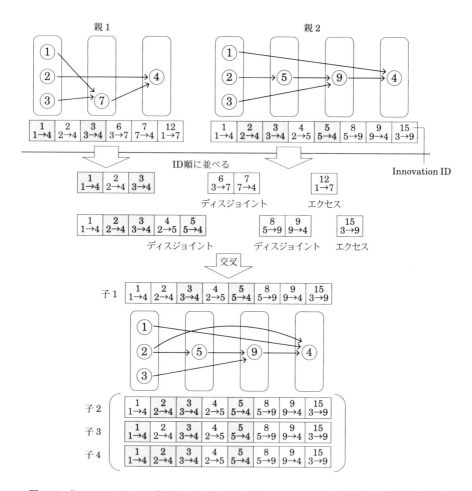

図 14.8 「NEAT」において遺伝的アルゴリズムで新しいニューラルネットを生み出す原理[78]

14.4 ディープ・Q-ニューラルネットワーク

　ディープ・Q-ニューラルネットワーク(Deep Q-Neural Network)は Chapter 13 でも説明したが，DeepMind 社によって開発されたアルゴリズムである．強化学習における Q 学習の Q 値をニューラルネットによって学習する

Chapter14 ゲームにおけるニューラルネットワークの数理 173

仕組みである．この研究が端緒となり，ディープニューラルネットは急速な発展を遂げることになる．2013 年の本研究を起点として，それ以降は深層強化学習の事例が急激に増加した．ここではその出発点となったオリジナルの DQN を説明することとする [**80**]．

オリジナルの DQN は，デジタルゲームのプレイを学習することを目標に作られた．ここで重要なのは，DQN は特にルールを教えられることもなく，画面をインプットとして，画像を解析し，そしてコントローラーの操作を選択する．アウトプットは各操作に対する Q 値となる（**図 14.9**，次ページ）．

最初の 2 層にあるのは「コンボリューション」(Convolution)という操作である．コンボリューションは画像の性質を抽出するプロセスである．以下，詳説する．コンボリューションとは「畳み込み」という意味である．ニューラルネットの画像処理における畳み込みは，グリッド状のフィルターによって対応する要素同士を掛けて足し合わせる演算を意味する．たとえば，2×2 のフィルターを 1 グリッド単位でスライドさせて演算していくと**図 14.10** のような処理となる*2．

DQN の入力となる画像は前処理によって 84 ピクセル×84 ピクセルの 4 枚の画像となっている．この画像に対して，多段階のコンボリューションをかける．多段階行うのは，画像をまず大きくとらえて性質を抽出し，徐々に細かいスケールにして画像を認識させていくためである．最初の層では 8 ピクセル×8 ピクセルを枠として 4 ピクセル単位でスライドするフィルターを 32 個かける．第二層へと移すときに，正規化非線形関数を通過させる．正規化非線形関数は，シグモイド関数のように，実数を $(0,1)$ に正規化する関数である．第二層では 4 ピクセル×4 ピクセルを枠として 2 ピクセル単位でスライドするフィルターを 64 個かける．さらに第三層へと移すときに，正規化非線形関数を通過させる．第三層では 3 ピクセル×3 ピクセルを枠として 1 ピクセル単位でスライドするフィルターを 64 個かける．さらに正規化非線形関数を通過させる．その後は，512 ノードからなる隠れ層に接続し，最

---

*2　入力の境界において枠からフィルターがはみ出した場合は，たとえばすべて 0 として扱うなど特殊な処理を入れる．

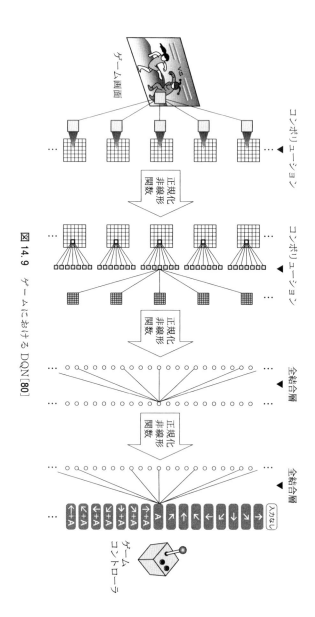

図 14.9 ゲームにおける DQN [80]

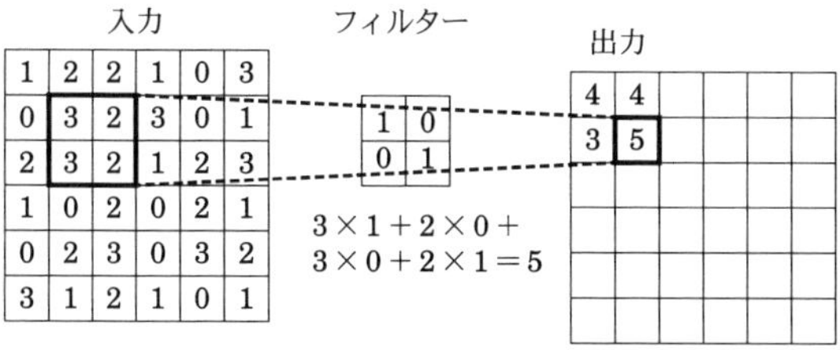

入力　　　　　フィルター　　　　出力

$3 \times 1 + 2 \times 0 +$
$3 \times 0 + 2 \times 1 = 5$

図 14. 10　コンボリューションの処理（2×2枠のフィルター，1グリッド単位でスライド）

終的に出力層につながる全結合層を構築する．この全結合層においては誤差逆伝播法によって学習する．つまり前半のコンボリューションは画像解析，後半はその表現の上の機械学習となっている．

　学習はスコアが上がったか下がったか，あるいは変わらなかったかによって，＋1，−1，0のように簡略化した報酬を返す．これは複数のゲームで一般的に使用できるようにするためと，報酬の大きさをうまく定義できないことによる．この報酬をベースに誤差逆伝播法を全結合層に対して行う．本手法によって49種類のAtari社のゲームに関して，人間のハイスコアと同等の結果を残した．また，その後，DQNは囲碁AIに応用され『AlphaGo』としてプロ棋士に勝利することになる[81]．また，そのインパクトは世の中でDQNが広まってゆく源泉となった．

Chapter 15

深層学習と生成 AI

ディープニューラルネットワーク（Deep Neural Network；DNN）の歴史や基本原理，そしてゲーム分野における既存の利用例を前章までで紹介してきた．しかし，2022 年，モデルの大規模化により，DNN は汎用技術として，より広範な実用性を獲得した．この年，DNN 技術の何が人々に衝撃を与えたのかを概観し，それが未来のゲーム開発に何をもたらしうるのかを考えていきたい．

15.1 深層学習がもたらすおもてなし

前章で紹介したように，DNN を最小構成単位まで分解するとシンプルな機能を持ったニューロンで構成されている（図 15.1）．入力 x_i に対して，重み w_i を掛けて値を足し合わせ，それに活性化関数 g を適用した値が出力 y となる基本ユニットがニューロンである．

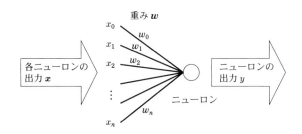

図 15.1　Chapter 14 でも使ったニューロンの図

$$y = g\left(\sum_i w_i x_i\right)$$

DNN 登場以前のニューラルネットワークでは，この基本ユニットを数十個〜数百個並べたものを 1 つの層とし，入力層の後ろに中間層を数層，最後に出力層という構成が一般的であった．前の層の出力が次の層の入力となる階層構造である．これをマルチレイヤー・パーセプトロン（multilayer perceptron；MLP）と呼ぶ．この構成のニューラルネットワークは，手書き数字の判別などの単純なタスクはこなすことができたが，能力は限定されていた．

一方で，2022 年，同じ基本ユニットで構成されているはずの DNN で，社会的にインパクトを与える成果をいくつもリリースされ，DNN を取り巻く世界が一変した．そのひとつは，説明文からの画像生成である．OpenAI の DALL-E2 や，ミュンヘン大学の Stable Diffusion など，複数のモデルが実際にユーザーが利用可能な形で世に出てきた．

図 15.2（次ページ）は，実際に Stable Diffusion を用いて，それぞれ以下の説明文で生成した画像である．「Photo of a dog solving a math problem（訳：数学の問題を解く犬の写真）」「Beautiful black and white painting titled "The Power of Mathematics in Games"（訳：『ゲームに宿る数学の力』というタイトルの美しいモノクロ絵画）」．いずれももととなる写真や絵画を加工したわけではなく，犬とはこういう見た目であり，絵画とはこういうものである，という情報を学習したモデルを使って，0 から生成しなおされた画像である．入力文次第で，写真から絵画まで，ひとつのモデルが高品質かつ幅広い画像を出し分けられるという事実が重要である．

2022 年に世に出たもうひとつのインパクトのある成果は，OpenAI によるチャット AI の ChatGPT である．以下は ChatGPT に「デジタルゲームに対して数学が果たしている重要な役割を 3 つ挙げよ」と日本語で話しかけた結果の返答である．

1. ゲームバランス：数学を使用して，ゲームのバランスを調整することができます．例えば，敵の攻撃力やプレイヤーのライフポイントを調整し，ゲームが適切な難易度になるように調整します．

図 15.2 Stable Diffusion で生成された画像
(Stable Diffusion: https://huggingface.co/spaces/CompVis/stable-diffusion-license)

2. 乱数生成：数学を使用して，ゲームの中でのイベントやアイテムの出現確率を調整することができます．これにより，ゲームが毎回新しい経験を提供するようになります．
3. 物理演算：数学を使用して，ゲームの中での物理演算をシミュレートすることができます．これにより，ゲームの中でのオブジェクトやキャラクターが自然な動きをするようになります．

奇しくも，本書で取り上げてきた項目になった．ChatGPT はこのような知識の要約にとどまらず，「以下の英文を，意味を変えずにエレガントでアカデミックな表現に校正せよ」と依頼すれば英文校正もこなすし，TRPG を一

Chapter15 深層学習と生成 AI

緒に遊ぼうと誘えば一緒に物語を紡いでもくれる．ついでに言えば，簡単な
ソースコードや授業のレポートの作成もお手の物である[1]．こちらも，ひと
つの学習モデルが多様なタスクをこなすことに注目してほしい．

　現在の DNN は，なぜ画像や文章の作成のような，これまで人類の専売特
許だったタスクまでこなせるようになりつつあるのだろうか．そのポイント
は，モデルの大規模化にある．

　ニューラルネットワークの動作の基本は，マルチレイヤー・パーセプトロ
ンの時代から現在まで変わっていない．入力値に対してニューラルネットワ
ークの内部パラメータを使った積和演算[2]を何段にも大量に行い，その最終
段の計算結果を出力値として処理に用いるというものである．例えば，画像
から 1 桁の数字を識別するタスクならば，入力として画像データをピクセル
ごとに並べ直した数値列を渡し，出力として 0〜9 の各数字の確からしさを
示す 10 個の数値を得る．

　そして，一般的なニューラルネットワークの学習は，入力値と期待する出
力値の組み合わせを教師データとして与え，それを再現する内部パラメータ
を探索することである[3]．具体的には，期待する出力値とニューラルネット
ワークの出力値の差異を損失関数として定義し，損失関数を各内部パラメー
タでそれぞれ偏微分した上で，より損失関数が低くなる方向にパラメータを
少しずつ変化させていく，勾配降下法を用いる．

　マルチレイヤー・パーセプトロンから現在の大規模モデルによる DNN に
至るまで，人工知能のブレイクスルーは，より多層のより大きい規模のパラ
メータ数でも，この勾配降下法による学習を可能とする新しい技術の登場に
よりもたらされてきた．

　例えば，単純にマルチレイヤー・パーセプトロンの層を重ねていくと，や
がて，最初の層のパラメータで偏微分してもほとんど損失関数の勾配が現れ
なくなってくる．これを勾配消失問題という．また，層を増やすと計算量も

---

[1]　ChatGPT の生成物が人間の書いた文章と見分けがつかないので，ChatGPT の生成物かを識別
する AI の開発が研究されているほどである．

[2]　入力値にパラメータを掛けて，足し合わせる処理．

[3]　教師データのない深層強化学習においては，報酬をもとにした別の方法で損失関数を定義する．

増え，パラメータ空間が広がることによる過学習や学習速度の低下などの問題も発生する．これに対して，活性化関数 g をマルチレイヤー・パーセプトロンで使われていたシグモイド関数から ReLU（Rectified Linear Unit）という直線を組み合わせた関数に置き換える工夫で勾配消失問題に対応できたことや，CNN（Convolutional Neural Network）を代表とする効率的に学習できるネットワーク構造の導入により，2010 年代に DNN の実用化が一気に進んだ．

その後も，入力データが増大するにつれて，それを学習できるように層が増えて，それが原因で勾配降下法が上手く機能しなくなるたびに，さまざまなテクニック[*4]によって問題を解決してきた．また，計算量の増大に関しても，ニューラルネットワークの接続を構造化し，より効率的に入力データを処理する工夫を積み重ねることで対応してきた[*5]．なによりも，大規模な並列積和演算が可能なハードウェアが集積回路技術の向上とともに成長を続けてきており，ハードウェアの性能向上と DNN のソフトウェア技術の発展が見事にかみ合って，毎年新しい成果が実現していく領域となっている．

その結果，ChatGPT の前身となる GPT-3 という言語モデル[*6]では 1750 億個ものパラメータをもつニューラルネットワークを実現している．これが大規模言語モデル（Large Language Model；LLM）と呼ばれる所以である．

図 15.3 の両対数グラフは横軸が LLM のパラメータ数で，縦軸が LLM の性能の指標である損失値である．このグラフが示すように，LLM においては，モデルのパラメータ数のべき乗に比例して，性能が向上するという性質が，実験的に分かってきた．また，学習データを素直に吸収できるようにモデルを設計できれば，それ以上の細かいモデル構造の工夫が寄与する性能向上よりも，パラメータ数を増やして，その分学習を大規模に行ったほうが性

[*4] ミニバッチ勾配降下法，Batch Normalization，Skip Connection などが挙げられるが，専門書を参照されたい．

[*5] 最近の大きな発明は，さまざまな分野で大規模な学習を可能とした Transformer と呼ばれる構造である[82]．

[*6] 自然言語を扱う DNN モデルを言語モデルと呼ぶ．一般的には，文章の途中までを入力として，次の語を推測するタスクで訓練する．

Chapter 15 深層学習と生成 AI

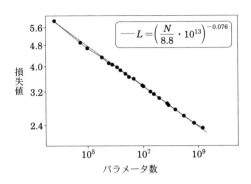

図 15.3 モデルのパラメータ数と性能の関係[83]

能の改善効果が大きいと報告されている．そして，言語モデル以外のさまざまな分野の DNN においても，モデルのパラメータ数と，そのモデルが達成する性能には，同様の関係性があることが分かってきた．

このため，個別タスクに向けて細かく工夫して学習させるよりも，汎用的なタスクに対してとにかく大規模に学習したモデルを転用して，さまざまなタスクを解決するという手法を取った方が効果的である．その結果が，犬の写真から抽象画まで生成できる Stable Diffusion であり，人生相談から翻訳まで何でもこなす ChatGPT である[*7]．現在，AI 業界においては，いかに大規模な学習データを用意して，大規模に構成したモデルを学習させるかという競争が行われている[*8]．

重要なことは，いったん学習済みモデルを作ったあとの，利用時のコストの低さである．ChatGPT は一定の制限下で誰でも利用可能だが，無償で全世界のユーザーに提供できる程度の実行コストしかかかっていないということでもある．Stable Diffusion に至っては，少し良いゲーム用 PC を買ってく

[*7] なお，LLM は，流れが自然な文章を生成することを主たるタスクとしてトレーニングされていることが多いため，LLM がベースとなっている ChatGPT も，質問に対する回答が真実かどうかというよりは，質問と回答をペアにしたときに尤もらしく見えるかを大事にして回答を返す傾向にある．すなわち，しばしば自信たっぷりに大法螺を吹く．

[*8] 学習データを大規模に集めるには，機械的にかき集めてくるしかない．それを，人類の積み上げてきた文化的資産にフリーライドする行為であると感じる人が増えており，特に画像の AI 生成について，大きな摩擦が生まれている．

れば，PC 上で自由に画像生成を試すことが可能である*9．これまで人に頼むしかなかった知的なタスクを，人類ひとりひとりが遠慮なく自由に実行できる，ということこそが，パラダイムシフトを起こす可能性を秘めている．

このように汎用的なタスクで大規模に学習したモデルが自由に利用できるようになると，棚ぼた式に，デジタルゲームにおいてもこれまで人がするしかなかったタスクが人の介在なしで実現可能となることが予想できる．

これまでのデジタルゲームは，事前にゲームデザイナーが細かく作り込んだ体験か，あるいは他のプレイヤーとの対戦で生まれる体験でプレイヤーを楽しませることしかできなかった．しかし，未来のゲームにおいては，ゲームデザイナーがルールとして作り込む必要なく，人工知能にプレイヤーを楽しませる指針を与えるだけで，状況にあったリアクションをプレイヤーに提供できるようになっていく．人工知能と協力しながらプレイヤーをもてなすことが，ゲームデザイナーの重要なスキルになる日が来るだろう．

しかし，そうした知的に見える振る舞いは，億や兆の個数のパラメータを何段にもひたすら積和演算する関数と，勾配降下法などの数学的な理論によって支えられているのだ．

15.2
まとめ

ゲームは人々の笑顔のために作られる．技術はこの目的を達成するための手段であって，AI も例外ではない．重要なことは，制作者のアイディアを実現し，さらにその先に達するために AI を適切に活用することだ．

この考え方において，AI は人間の創造性を代替するものではなく，むしろ制作者が構想した作品世界をより豊かに広げていくための「共同制作者」と言えよう．例えば，人の手では作れないような広大な作品世界の細部を緻密に作り上げるための助手であったり，あるいは制作者がこのように楽しんで欲しいと願ったことを個々のプレイヤーに合わせて実現していくゲームマス

---

*9 ゲームの 3D グラフィックス用に搭載されている GPU というのは，言ってみれば並列積和演算器の塊であるので，DNN の計算にも転用できる．

ターであったりといった役割だ.

　未来のゲーム開発では,人間の創造的判断を価値の中心として,AIに細かい作業を上手にまかせることが重要となる.そこにおいては,AIの本質的な振る舞いを数理的な原理からイメージできる人は貴重な存在となるだろう.

15.2.1 付記:2025年時点の状況の補足

　本稿(『数学セミナー』2023年3月号初出)以降もLLMを取り巻く状況は変化しつづけている.単行本化にあたり最新状況を補足したい.

　最大の変化はスケーリング則の頭打ち感だ.「モデルサイズと学習データ量の増加が性能向上を保証する」という経験則に従い巨額投資が続いてきたが,2025年2月登場で数兆パラメータとされるGPT-4.5は,体感的向上が弱いと評価されている.高品質な学習データの枯渇も現実味を帯びてきた.

　一方で効率化技術が発達している.大規模モデルの最終段の出力を教師とし,小規模モデルに再現させる「蒸留(Distillation)」や,専門性に特化した小規模モデル群を組み合わせる「Mixture of Experts」がある.これらにより,比較的小さなモデルでも十分に高い性能が実現できるようになった.

　効率化がもたらした重要な革新が「Chain-of-Thought」だ.従来のLLMは即時的な「思いつき」で回答していたが,この手法では思考過程を逐次出力しつつ推論を進めることで,熟考された回答が可能となった.これは効率化により思考プロセスを低コストで実行できるようになったからこそ実現した.

　より高度な知性を目指す取り組みも続いている.スケーリング則に基づく大規模化の試み以外にも,さまざまなブレイクスルーが模索されている.

　その一つが,強化学習の活用である.利用者の「いいね!」を報酬とする「RLHF(Reinforcement Learning from Human Feedback)」はすでに普及している.さらに,AIが例えば数学問題を自動生成し,その正答を報酬関数として強化学習する手法も研究されている.これにより人間由来の学習データが枯渇しても学習を続けることができる.

　人類の良きパートナーとなる高度な人工知性は,もしかすると,数学の問題を解くことで生まれることになるのかもしれない.

Chapter 16

ゲーム空間の多様性
／特殊相対性理論のゲーム空間

　デジタルゲームの空間は Chapter 6 で述べたようにニュートン力学に従う空間である．しかし，実験的に特殊相対性理論や一般相対性理論を組み込んだ空間もあり，また，物理法則を超えて，例えば時間を巻き戻すことができる，物を宙に浮かすことができるなど，さまざまな空間がある．

　物理学者ジョージ・ガモフ(1904-1968)の著作に『トムキンスの冒険』がある[84]．一連のトムキンス・シリーズは，我々の宇宙の物理定数が大きく異なる場合にどのような現象が起こるかを描いたフィクションである．例えば光速がとても小さい場合には，人間が自転車で少し速度を出すだけでも特殊相対性理論の効果が見えてしまう．またプランク定数が大きいと，虎が木立を通っただけでも量子スリットのように虎が多重に分岐して見えてしまう．トムキンス・シリーズは物語の世界だが，デジタルゲームであれば実際に定数を変化させた世界をシミュレーションすることができるはずである．実際のデジタルゲームでは，ニュートン力学に基づく剛体物理シミュレーションを用いてゲーム内の物体の挙動を計算しているが，その場合でも物理定数を変更することで，それぞれのゲームの世界観にあった物理挙動を実現している．しかし，量子力学や相対性理論の世界に踏み込んだゲームスタイルは稀である．以下は特殊相対性理論を組み込んだゲームを製作された尾田欣也氏，中山大樹氏の文献[85, 86, 87]を参考に解説を行う．

16.1
プレイヤーから見た世界

　特殊相対性理論は世界に対する作用の伝播が光速を超えないことを要求する．その効果は，光速に近い速度で動いた場合のみ目に見える形で現れるた

め，日常生活で特殊相対性理論の効果が見えることはほとんどない．そこで通常のゲームにおいて光速は無限大であると想定している．例えば，Chapter 6 で述べた 3D 空間の描画は瞬時に光が伝わるとして計算している（**図 16.1**）．つまり四角錐台に含まれる対象オブジェクトをスクリーンに投影する光の投影速度を無限大と想定しているのである．

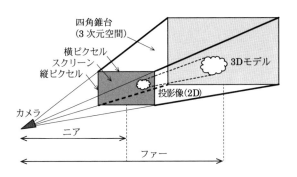

図 16.1 通常の 3D 空間の描画（Chapter 6 掲載図を再掲載）

一般の 3D コンピュータグラフィクスのライブラリは多数あるが，相対論的，つまり光速が有限である，という仮定のもとに構築された一般化された描画システムはなく，自作する必要がある．光速が無限であれば，全方位から平等に光が届く．しかし，光速が有限であるということは，運動するキャラクターには進行方向に対してより遠くからの光が集まることになる．これを光行差という．

特殊相対性理論の効果の指標は，ローレンツ因子（Lorentz factor）によって記述される．速度 v で運動する座標系に対するローレンツ因子 γ は以下の式で表される．ここで c は光速を表す．

$$\gamma = \frac{1}{\sqrt{1-\left(\dfrac{v}{c}\right)^2}}$$

特殊相対性理論をゲームに導入するその効果は描画の問題だけにとどまらない．基本的に通常のゲームでは，どの場所で起きた事象も，一つの時間の

流れの中で起こっていると想定している．つまり，時刻 t における事象をどの地点でも共通に定義できるし，その事象はどこから見ても時刻 t で同じように起こっている．つまり絶対時間，絶対空間の中で同時刻性が保証されている，と想定しているのである．しかし，特殊相対性理論においては，それぞれの座標系での時間は固有時間と呼ばれ，ほかの座標系における固有時間とは同一ではない．つまり，それぞれの座標系では異なる時間が流れている．たとえば複数のプレイヤーが特殊相対性理論を組み込んだゲームで遊んでいると，それぞれのプレイヤーが独立した座標系である．そして，それぞれのプレイヤーから見た世界は時間の流れを含めて異なる．「基地が爆発した」イベントが起こったとしても，それぞれのプレイヤー（＝観測者）が観測する時刻は異なるのである．また二つのイベントがあり，どちらが先に起こったか，という因果もプレイヤー同士で逆転することがある．

　キャラクターやオブジェクトが持つ各座標系の関係は，それぞれの座標系を持つキャラクターの運動状態によって相対的な関係が決まるため，各キャラクターから見た世界はさまざまに異なって見えることになる．同じイベントが発生したときには，発生場所に近い位置にいるキャラクターの方がそのイベントを早く発見することになる．そこで，特殊相対性理論を組み込んだゲームでは，プレイヤーの座標系から見た世界を描画し，プレイヤーの運動に応じてゲーム世界を相対論的に変化させる，という方法が多く用いられる．

16.2
相対性理論(1)：世界線

　世界における物体の軌跡を世界線と呼ぶ．通常のゲーム，非相対性理論的世界における世界線は自由に空間を時間に沿って描くことができる．ここで解説のため，3次元空間の代わりに (x, t) 平面を考える．物質の速度に制限がなければ (x, t) 平面において，x/t は制限なく大きくできる．座標系の取り方によらず，この運動可能な空間は不変でなければならない．つまり，回転と並進（平行移動）によって物理法則は不変でなければならない（**図 16.2**）．

　しかし，特殊相対性理論は，この物体の速度，および作用の伝播速度 x/t が光速を超えないことを要請する．

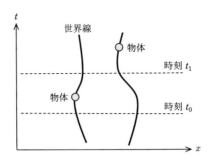

図 16.2　通常のゲームの世界線

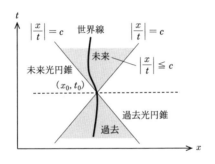

図 16.3　光円錐

$$\left|\frac{x}{t}\right| \leqq c$$

すると，物質の世界線はこの条件に制限された空間に限定されることとなる．つまり観測者の座標 (x_0, t_0) を中心として，上記の条件を満たす領域であり，この領域のことを光円錐と呼ぶ．つまり，観測者(プレイヤー，キャラクター)が観測できるのはこの過去光円錐の世界に限られることを意味する(図16.3)．

そして，ゲーム画面の描画は常に過去光円錐をレンダリングすることで行われる(図 16.4，次ページ)．

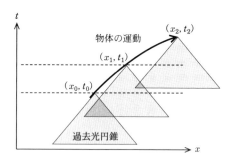

図 16.4 過去光円錐をレンダリングする

16.3
相対性理論(2)：物体の運動

通常のゲームでは，キャラクターが速度 v で運動した場合，ニュートン力学の場合に則って，以下の式によってキャラクターの位置と速度 (v_x, v_y, v_z)，加速度 (a_x, a_y, a_z) を更新する．

$$\begin{pmatrix} x \\ y \\ z \\ t \end{pmatrix} = \begin{pmatrix} 1 & 0 & 0 & v_x \\ 0 & 1 & 0 & v_y \\ 0 & 0 & 1 & v_z \\ 0 & 0 & 0 & 1 \end{pmatrix} \begin{pmatrix} x_0 \\ y_0 \\ z_0 \\ t_0 \end{pmatrix},$$

$$\begin{pmatrix} v_x \\ v_y \\ v_z \\ \Delta t \end{pmatrix} = \begin{pmatrix} 1 & 0 & 0 & a_x \\ 0 & 1 & 0 & a_y \\ 0 & 0 & 1 & a_z \\ 0 & 0 & 0 & 1 \end{pmatrix} \begin{pmatrix} v_{x_0} \\ v_{y_0} \\ v_{z_0} \\ \Delta t_0 \end{pmatrix}.$$

一方，特殊相対性理論では光速は一定であることが要請される．つまり，ある一点から発せられた光は，どの座標系においても速度 c として観測されなければならない（**図 16.5**）．

静止系 (x_0, y_0, z_0, t_0) から見て速度 v で進む座標系 (x_1, y_1, z_1, t_1) においても，光速は不変でなければならない．この光速を不変量とする変換と行列 $L \in M_4(\mathbb{R})$ を同一視して L はローレンツ変換と呼ばれる．

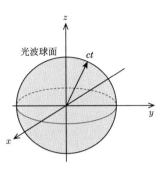

図 16.5　光の伝播する球面

$$\begin{pmatrix} x_1 \\ y_1 \\ z_1 \\ ct_1 \end{pmatrix} = L \begin{pmatrix} x_0 \\ y_0 \\ z_0 \\ ct_0 \end{pmatrix}$$

と書くと以下を満たす変換である．

$$x_0^2 + y_0^2 + z_0^2 - (ct_0)^2 = x_1^2 + y_1^2 + z_1^2 - (ct_1)^2$$

これは $\eta = \begin{pmatrix} 1 & 0 & 0 & 0 \\ 0 & 1 & 0 & 0 \\ 0 & 0 & 1 & 0 \\ 0 & 0 & 0 & -1 \end{pmatrix}$ を用いると次の条件と同値である．

$$L^T \eta L = \eta$$

x 軸方向に速さ v で進んでいる座標系の場合には，以下のような表現となる．

$$L = \begin{pmatrix} \dfrac{1}{\sqrt{1-(v/c)^2}} & 0 & 0 & \dfrac{-v/c}{\sqrt{1-(v/c)^2}} \\ 0 & 1 & 0 & 0 \\ 0 & 0 & 1 & 0 \\ \dfrac{-v/c}{\sqrt{1-(v/c)^2}} & 0 & 0 & \dfrac{1}{\sqrt{1-(v/c)^2}} \end{pmatrix}$$

$$= \begin{pmatrix} \gamma & 0 & 0 & -\gamma\dfrac{v}{c} \\ 0 & 1 & 0 & 0 \\ 0 & 0 & 1 & 0 \\ -\gamma\dfrac{v}{c} & 0 & 0 & \gamma \end{pmatrix} \quad \left(\gamma = \dfrac{1}{\sqrt{1-\left(\dfrac{v}{c}\right)^2}} \right)$$

16.4
相対性理論(3)：ローレンツ収縮・時間の遅れ・ドップラー効果

　実際に特殊相対性理論を含んだ空間では，物体は運動方向に収縮して見える．これは物体の側面で両脇から届く光の時差があるためである．すると，ゲーム内のキャラクターやオブジェクトの形状は一定ではない．ローレンツ収縮によって形状自体が変形することになる（図 16.6）．

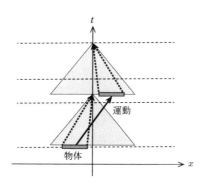

図 16.6　ローレンツ収縮

　またローレンツ変換の式において

$$ct_1 = \frac{-vx/c}{\sqrt{1-(v/c)^2}} + \frac{ct_0}{\sqrt{1-(v/c)^2}}$$

より，

$$\Delta t_1 = \gamma \Delta t_0.$$

つまり二つの座標系において，一方の時間は $1/\gamma$ だけ遅れて進むことになる．すると複数の座標系，つまり複数のキャラクターがいた場合に，それぞれの座標系における時間の進みは一方から見るともう一方が遅く見える．ところで現実の物理において，軽い素粒子（レプトン）である μ（ミューオン）が，ほかの素粒子（電子とニュートリノ）に遷移する時間は短く（2.2 マイクロ秒），本来ならミューオンの固有時間では，ミューオンが生成される上空 6000 m

から地球表面に届く間にほとんど遷移してしまうはずである．しかし光速に近い速度で降り注ぐミューオンを地球表面から見ると寿命が伸びて見えるため，地表近くまで届くことができる．これは「ミューオンの寿命の伸び」として知られている．するとゲームの中でも，例えば敵キャラクターがプレイヤーに向かって，時間 T で消滅する魔法弾を撃ったとして，本来プレイヤーに届く前に消滅するはずが，光速に近い速度で撃った場合には寿命が伸びてプレイヤーに届いてしまう，という仕掛けとして利用可能である．

また，特殊相対性理論でも光のドップラー効果が存在する．その関係式は，速さ v で遠ざかる座標系における光の周波数として，以下のように与えられる．

$$f_1 = \sqrt{\frac{1-v/c}{1+v/c}} f_0$$

つまり遠ざかる相対速度が大きくなっていくと周波数が低くなる．よって，色で見ればこれは赤方に偏移していく．逆に近づいてくる物体の周波数は次の式で与えられる．

$$f_1 = \sqrt{\frac{1+v/c}{1-v/c}} f_0$$

つまり速度が上がれば上がるほど周波数が高くなるので青色に偏移していく．例えば，近づいてくる敵キャラクターやミサイルは青く，遠ざかるキャラクターやミサイルは赤く偏移していくことになる（図 16.7）．これは非相対論

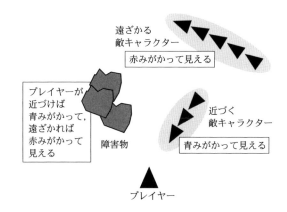

図 16.7　相対論的光のドップラー効果

にはない効果で，色彩の面でも特殊相対論的ゲームは特徴を持つことになる．

16.5
まとめ

　本章では特殊相対性理論を組み込んだゲーム空間について考察してきた．まとめると特殊相対性理論を組み込んだゲーム空間は以下の特徴を持つ．

（1）　光速は有限で，キャラクターの見える範囲は有限の領域である．
（2）　運動するキャラクターは進行方向に向かって後方より，より大きな空間からの光を観測する．
（3）　キャラクターの認識範囲は過去光円錐，将来への作用範囲は未来光円錐に限られる．
（4）　運動方程式はローレンツ変換に基づいた不変形式である．
（5）　キャラクターと対象の相対的な運動状態に応じてお互いの大きさや形状の見え方が異なる．
（6）　キャラクターやオブジェクトごとに固有の時間があり，一つのキャラクターから見たほかのキャラクターやオブジェクトの時間は遅れて見える．
（7）　光のドップラー効果があり，遠ざかるオブジェクトは赤く，近づくオブジェクトは青く偏移して見える．

　一般相対性理論を含んだゲーム空間は未だ存在しない．量子力学的効果をシュレディンガー方程式を用いて表現したゲームもほとんどない．また，ゲーム空間は多様であり，実際の物理空間とはずれた空間を構築することもできる．ジョージ・ガモフが示したように物理変数を極端に変化させたり，またさらに物理法則を変化させたり，あるいは高次元空間におけるゲームなど，ゲーム空間の可能性は大きく多様である．数学と物理学は，現在のニュートン力学の狭い範囲で実現された空間からゲームをいずれ解放するだろう．

Epilogue

未来のゲームと数学
（三宅・清木対談）

三宅●おつかれさまでした！

清木●おつかれさまでした．我々，2022年4月号から2023年3月号の1年間，『数学セミナー』で連載していったわけですが，正直，見切り発車的に開始したところもありました．ただ，2人とも確信していたのは，「ゲームと数学」というテーマで，1年分，書くだけのネタはあるだろうということでしたよね．そうしてスタートして，2人で交互に執筆して書き上げたものを今回この本にまとめたわけなのですが，改めて振り返って，三宅さん，どうでした？

三宅●「そういえば，これもある，あれもある」と，当初の想定していた広がりより，数学的トピックがいろんなところにまとまってあることに気づきました．連載は交互の執筆なので，2か月に1回書きますが，清木さんからの原稿を受け取って，「ああ，そうそう，これあるよねー！」という，やり取りでしたね．その意味で2人で書けて良かったです．

清木●ですよね．お互い，「ここをこう攻めてきたか！」という感じで，刺激をもらい合っていた感じがします．

三宅●簡単に言うと，ゲームの数学は1人で抱えきれないくらい，いっぱいあるってことなんでしょうね．

清木●本当にそうですね．私はもともとプラットフォーム開発をして，ゲームそのものも開発して，という経験をしていますが，三宅さんみたいに本当にゲームAIを深くやっている立場からは見えている景色も違うんだな，と感じました．

三宅●お互い，基本的な知識はひと通り知っているのですが，実務の経験で数学がもたらす可能性の広がりをそれぞれの視点で見ているんですよね．そ

ういった意味では，自分としても新しい景色が見えて勉強になりました．

清木●そうですね．本当にゲームというのが数学的ないろいろな要素に支えられているんだということを改めて感じた執筆でもありました．

三宅●冒頭でも話したけど，「ゲームって数学で動いているんだよね」とは，あまり世の中で言われない．これは，なぜなんでしょうね？

清木●まぁ，当事者にとっては当たり前すぎて，わざわざ言わないだけかもしれないですけどね．あるいは，数学だと思っていないか．

三宅●数学と言っても，算数から大学で教わる数学まで多岐にわたっていますからね．

清木●本書で何度か書きましたが，デジタルゲームというのはコンピュータ上で動かないといけないので，とにかく最後には数値計算に落とし込まないと何も動かないんですよね．

三宅●そこが一番面白いところだと思います．もちろん，数学が抽象的な体系でそのままゲームを動かしてくれると一番エレガントなわけだけど（笑），結局は CPU とかメモリとかを動かさないといけないわけで．現実的には，8 ビットなら 8 ビットで数を表現しないといけないし，16 ビット，32 ビット，128 ビット，…と，それぞれの場面で制約があります．それを乗り越えて，数学がコンピュータ上で動いてくれる．そこが，今回の連載を書いていて一番面白いところだな，と思ったのです．

清木●加えて，ゲームはリアルタイムで動かないといけないので，常に追い立てられるようなところがあります．コンピュータの性能が上がったらのんびり処理できるようになるわけでもなく，余裕ができた分，常に新しい処理をそこに詰め込まないといけないような競争の中で，これだけ性能が上がったのなら，この数学的な処理を差し込めるんじゃないか，みたいな話が次々と出てきます．

三宅●清木さんの章でいえば，8 ビット時代の乱数から，メルセンヌ・ツイスタみたいな壮大な理論に行ったりね．

清木●いや，本当に．

三宅●『数学セミナー』という雑誌を読む人は，純粋な数学が好きだと思うんですよね．でも，実装するときは純粋なままではできず，有限なビットに押

し込めないといけない．それがやや意外なところだと思うのですが，逆にそれによって高度な数学が地上に降りることができる．それを実行するのが実はゲームプログラマという仕事なんですよね．新しい数学的原理を考えてコードにする，というのがゲームプログラミングの面白いところです．それがこの本で伝わったんじゃないかな，と．

清木●中にいると，ゲームの開発の特異性というものになかなか気づけないですね．普通の工業製品が合理性の中で作られているのに比して，ゲーム開発というのは，突拍子もないことを言い出すゲームデザイナーと，突拍子もないグラフィックス表現をしたがるアーティストと，その2人のやりたいことを聞きながら，そこにさらに「スキあらば新しい要素を盛ってやれ」と思っているゲームプログラマがいる，という感じなのです．合理性とはまた違う，見たことのない面白い物がえらいみたいなところがあるんですよね．

三宅●それはやはり，ゲームが「製品」である以前に「アート」だからなのでしょうね．アートは新しいということに価値が生まれることもありますから．案外そこに高度な数学があるほど，幅が広がるというか可能性が広がるというか….

清木●たしかに．山中さんのインタビューでも出てきましたが，最近は便利な数学のライブラリがいっぱいあって，それを使えばなんとなくやりたいことを実装できますよね．ただし，それは，「みんながやっているようなことならば」という条件が付きます．そして，みんながやっていることじゃないことをやりたがるのがゲーム開発だったりする．そうなった瞬間，「あれ？　このライブラリにはその機能はないぞ」となる．そのときに，蓋をちょっと開いて配線をいじってみる，みたいなことができるためには，数学の知識が必要なんですよね．

三宅●ゲームが3Dマシンになったのは1994年前後ですが，それ以前にも3Dっぽいゲームはけっこうありましたからね．「俺の数学的変換によって，見よ，3Dに見えるだろう！」みたいな．そういう，いち早く3D体験を提供することは，ゲーム開発者の心意気だよね．

清木●3Dマシンになっても，すぐに状況が変わったわけでもないかもしれませんね．私が学生時代，アルバイトで初めて3Dゲーム機の開発機を触っ

たときに，マニュアルに載っていたのは三角形を1枚描画する方法だけでしたからね．

三宅●いまはそこまでのことはないですが，当時は三角形が描ければ「あとは自分でやれるよね」みたいな，数学的な発想は自分で考えて工夫するのが当たり前という時代だったのですよね．

清木●いまとなっては，ゲーム開発の民主化を標榜する「Unity」などのゲームエンジンが普及して，数学の知識がなくてもカジュアルにゲーム開発が始められるようになりました．でも，ちょっとみんながやったことのないことをやろうとした瞬間に，始まるんですよね．試行錯誤の旅が．

三宅●ゲームの企画を考えるときに，どんな無茶な仕様でも，いざとなったら自分たちで作れるという保証がないと，自由に発想する気にならないですよね．「ゲーム作ろう！」というときの，「なんでもできるぞ！」という全能感は，数学の力が保証してると言えるかもしれない．

清木●任天堂の元社長の岩田聡さんの言葉の中に「プログラマは，ノーと言ってはいけないんです」というものがあるのですが，それがまさに，ノーと言ってしまうと，アイディアが出しにくくなるから，という理由だったんですよね．ゲームの可能性を閉じないためにも，プログラマというのは何でもできるという気持ちでいないといけないし，何でもできると言うためには，何でも対応できるだけのベースが必要です．

三宅●ベタッと1つの機能だけを実装するのではなく，よい数学的原理を実装しておくと，ゲームデザイナーが言ってきた以上のことができるときがありますからね．それが，数学的原理の高度な抽象性を実装したときのメリットだと思うんですよね．

清木●具体的な例だと何があるでしょうね．

三宅●わかりやすいのは，「物理シミュレーション」．昔はゲームごとに振る舞いを記述していたのですが，今はニュートン物理学をきちんと実装していることが多いのです．現実と同じだと窮屈なのではと思われるかもしれないですが，それをいろいろな形でゲームデザインに生かす取り組みがなされています．重力定数も摩擦係数も好きに変えることができて，いろいろなゲームの可能性が物理エンジンの上で展開されているというのは感動的かな，と．

清木●ああ，たしかに．グラフィックスにおいても，物理法則に基づいた「物理ベースレンダリング」を採用すると，いろいろな表現手法を試しても破綻しにくくなる，みたいな話も近しいものを感じますね．未来においても，こうしたゲームと数学の関わりは深まっていくのでしょうか．

三宅●ゲームというのは，今後「画面の中にゲームを映している」というところからどんどん広がっていくと思うんですよね．現実世界の空間に，デジタルサイネージや AR などを使ったゲーム的な空間が増えていき，ゲームがどんどん拡張されていきます．そうすると，そこでまた新しい数学の使い方が生まれてくるのかなと．

清木●現実世界にゲームが溶け込んでいくイメージですよね．XR(Extended Reality)技術[*1]の愛好家としても楽しみです．そしてもう 1 つ避けられない未来の話題としては，人工知能(AI)がありますよね．ゲーム外で急速に発展している大規模言語モデル(LLM)のような，ディープニューラルネットワーク(DNN)技術はどう影響を与えていくのでしょうか．

三宅●ああいう技術というのは，世の中の多くの人向けにおとなしめに作っているんですよね．声はアナウンサー声だし，大規模言語モデルはみんなが言いそうな答えを返そうとするし，絵も優等生的な絵を返す．一方で，ゲームは尖ったインパクトが大事なので，ゲームに応用するには，ゲーム用にコントロールしていかないといけない．使用するリソースの規模も大きいので，そこも含めて，これからの課題ですね．

清木●一般向けに綺麗にラップされているものを一皮剥いて，中身を剥き出しにした上で，配線をいじって面白い出力を取り出すような話ですよね．

三宅●車で言えば，「F1 カー」を作るような話ですね．

清木●技術を分かった上で，パッケージされている中身を直接いじれないといけないですし，同時にこんなことをやりたいというアイディアと，その実現方法をつなぎ合わせられることも必要です．実際，「AAA ゲームタイトル」と呼ばれるような大規模ゲームでの活用状況はどうなのでしょうか．

[*1] AR や VR などの現実世界と仮想世界を融合させる技術の総称．AR ゴーグルの高性能化・軽量化により，日常が XR 化される世界がすぐそこまで来ている．

三宅●ゲーム開発者のカンファレンスでは，実際にゲームを動かす部分に対するDNNの活用事例が出始めています．2025年は，ゲームAIにDNNがきちんと入ってきた元年と言ってもよいでしょう．例えば，ゲームエンジンにDNN推論を統合し，実際に発売されるゲーム内のキャラクターの挙動に活用したという事例も出ています．ゲーム世界を一種のシミュレータとみなし，学習の環境も含めて整備しているのが特徴です．

清木●C++で書かれたゲームエンジンに，DNN推論が組み込まれるところまできましたね．現在は，リアルタイムでの推論では，まだ規模の小さなモデルを用途を絞って活用している段階ですが，学習と推論のサイクルの仕組み化さえできてしまえば，あとは性能が上がるに従って利用は増えていきそうです．AAAゲームタイトルならではの規模への対応という点ではどうでしょう．

三宅●プログラムによって，森や地形や敵の配置などを生成していく「PCG（Procedural Content Generation）」の発展が大きいと思います．ゲーム業界が1980年代から培ってきた技術ですが，ゲームの扱う世界が広くなるに従って，人間が準備できない度合いが上がってきていますので，PCGの必要性は増しています．フラクタルなどの理論が重要でしたが，この分野でも今後，DNN推論など生成AIを取り込んでいくことになるでしょう．

清木●DNNを，新しい面白さを生み出す方向と，物量を生み出す方向の両方で活用する可能性があるということですね．どちらに活用するにせよ，DNNを道具として使いこなせるだけのベースがないと始まらないということですね．AAAゲームタイトルといえば，グラフィックス表現の競い合いでもありますが，その分野での注目技術としては，「レイトレーシング」あたりになるでしょうか．光線のリアルタイムシミュレーションという話ですので，計算式はたくさん出てくる分野ですね．

三宅●よりアドバンスには，通常のシェーダーの数式をニューラルネットワークに置き換えた「ニューラルネットワークシェーダー」みたいな話もあります．

清木●ゲームは，ユーザーからの入力に対して，楽しんでもらえる出力を返せれば正義なので，本当に多種多様な技術が相争う総合格闘技みたいな世界

ですよね.

三宅●そういう意味では,腕力が重要ですね.ただ,腕力には2つ意味があって,コーディングを何百行であろうが何万行であろうがバリバリ書けるという「システムを作れる腕力」と,「数学的腕力」.その両方があると,なかなか人のマネできない物を作り上げることができます.

清木●特に,数学的腕力を持っている人は本当に貴重です.しかし,こうして改めて本書で語ってきたこと全体を振り返ってみると,これだけの技術の幅を扱わないといけないゲームプログラマは本当に大変な仕事ですよね.それが面白くもあるのですが.

三宅●そうですね.「ゲームは技術の実験場」と言われます.最初に技術が降り立つ場所として,インタラクティブもそうだし,グラフィックもそうだし,ネットワークもそうでした.AIも一部はそうですね.そして,いずれも数学が動かしています.

清木●プログラマという職種を,与えられた設計図に従ってレンガを積むような仕事だと思っている人もいるらしいのです.一方で,私がプログラマに対して全然そういうイメージを持っていないのは,やはり,ゲームプログラマという職種の人間は,常に誰もやったことのないものを実装していかなければならないからです.レンガを積み上げていくと言っても,積み上げたい先が見たことのない形をしていて,どう積み上げたらそうなるのかも分からない中で,なんとかして積み上げていく必要がある.

三宅●そんな見えない先でも,数学の知識があれば,はっきりした道筋が見えるものです.

清木●『数学がゲームプログラマを導く』というのが,本書の本当のタイトルかもしれませんね.

参 考 文 献 一 覧

●第1章

［1］岩谷徹，高橋ミレイ，三宅陽一郎，「ゲームAIの原点『パックマン』はいかにして生み出されたのか？──岩谷 徹インタビュー」，『人工知能』，Vol. 34，No. 1，pp. 86-99，2019.

［2］三宅陽一郎，「デジタルゲームにおける人工知能の動的連携モデルとその実装」，学位論文，東京大学，2021.
https://doi.org/10.15083/0002006149

［3］三宅陽一郎，「メタAI-キャラクターAI-スパーシャルAIによる動的連携モデルのデザインパターン」，第36回人工知能学会全国大会，人工知能学会，2022.

［4］Miyake Youichiro, Toriumi Fujio, "Extracting AI Technologies From Past Digital Games: By Using MCS-AI Dynamic Cooperative Model", *REPLAYING JAPAN* 4, pp. 57-61, 2022.

［5］三宅陽一郎，『戦略ゲームAI解体新書──ストラテジー＆シミュレーションゲームから学ぶ最先端アルゴリズム』，翔泳社，2021.

●第2章

［6］Georg Heinrich Rudolf Johann von Reisswitz, Anleitung zur Darstellung militairischer Manöver mit dem Apparat des Kriegs-Spieles, 1824.

［7］Brad King, John Borland, *Dungeons & Dreamers*: *A story of how computer games created a global community*, Second Edition, ETC Press, 2017.

［8］「【全文公開】伝説の漫画編集者マシリトはゲーム業界でも偉人だった！ 鳥嶋和彦が語る「DQ」「FF」「クロノ・トリガー」誕生秘話」，『電ファミニコゲーマー』，2016年4月4日.
https://news.denfaminicogamer.jp/projectbook/torishima

［9］『ドラゴンクエスト 25周年記念 ファミコン＆スーパーファミコン ドラゴンクエストⅠ・Ⅱ・Ⅲ公式ガイドブック』，スクウェア・エニックス，2011.

●第4章

［10］加来量一，「ゲーム世界を動かすサイコロの正体──往年のナムコタイトルから学ぶ乱数の進化と応用」，CEDEC 2014，2014.

[11] Makoto Matsumoto, Takuji Nishimura, "Mersenne Twister: A 623-Dimensionally Equidistributed Uniform Pseudo-Random Number Generator", *ACM. Trans. Model. Comput. Simul.*, Vol. 8, No. 1, pp. 3-30, 1998.

[12] George Marsaglia, "Xorshift RNGs", *J. Stat. Soft.*, Vol. 8, No. 14, pp. 1-6, 2003.

[13] Melissa E. O'Neill, "PCG: A Family of Simple Fast Space-Efficient Statistically Good Algorithms for Random Number Generation", *Harvey Mudd College Computer Science Department Technical Report*, 2014.

[14] Sebastiano Vigna, "It is high time we let go of the Mersenne Twister", 2019.
https://arxiv.org/abs/1910.06437

[15] François Panneton, Pierre L'Ecuyer, "On the Xorshift Random Number Generators", *ACM Trans. Model. Comput. Simul.*, Vol. 15, No. 4, pp. 346-361, 2005.

●第5章

[16] 駒野目裕久,「アーケードゲームのテクノロジ番外編——ドンキーコング奮闘記」,『bit』, 1997年4月号, 共立出版, pp. 32-42, 1997.

[17] @morian-bisco,「スーパーマリオのジャンプのアルゴリズム」.
https://qiita.com/morian-bisco/items/4c659d9f940c7e3a2099

——[17]は, 1980年代当時のプログラムコードを解析した貴重な記事であるが, こんにちの現役ゲームプラットフォームでは, EULA (End User License Agreement)でリバースエンジニアリングが禁止されていることが一般的であることには留意されたい.

●第6章

[18] ジェイソン・グレゴリー(著), 大貫宏美, 田中幸(訳),『ゲームエンジンアーキテクチャ 第3版』, ボーンデジタル, 2020.

[19] Mat Buckland (著), 松田晃一(訳),『実例で学ぶゲーム AI プログラミング』, オライリー・ジャパン, 2007.

——[18]はゲーム開発者による大著である. ゲームエンジンのほとんどの知識が網羅されている. [19]はデジタルゲームにおける経路検索をはじめ, 基本的な技術が良く解説されている. ゲーム開発の数理的な仕組みを概観するには, まずはこの2冊がお薦めである.

[20] 三宅陽一郎,「大規模デジタルゲームにおける人工知能の一般的体系と実装」,『人工知能学会論文誌』, 35巻2号, p. B-J64_1-16, 2020.
https://www.jstage.jst.go.jp/article/tjsai/35/2/35_B-J64/_article/-char/ja/

[21] 岡村信幸,「ARMORED CORE V のパス検索」, CEDEC 2011, 2011.
https://cedil.cesa.or.jp/cedil_sessions/view/593

●第 8 章

[22] Arpad E. Elo, "The proposed USCF rating system: Its development, theoty, and applications", *Chess Life*, 23(8), 1967.

[23] Arpad E. Elo, *The Rating of Chess Players, Past and Present*, Illustrated edition, Ishi Press, 2008.

[24] "FIDE Rating Regulations effective from 1 January 2022", in: *FIDE Handbook*, 2021.
https://handbook.fide.com/chapter/B022022

[25] "Revision of the FIFA/Coca-Cola World Ranking".
https://digitalhub.fifa.com/m/f99da4f73212220/original/edbm045h0udbwkqew35a-pdf.pdf

[26] Mark E. Glickman, "The Glicko system".
http://www.glicko.net/glicko/glicko.pdf

[27] Mark E. Glickman, "Example of the Glicko-2 system".
http://www.glicko.net/glicko/glicko2.pdf

[28] Ralf Herbrich and Thore Graepel, "TrueSkill (TM): A Bayesian Skill Rating System", *Technical Report*, 80, 2006.
https://www.microsoft.com/en-us/research/publication/trueskilltm-a-bayesian-skill-rating-system-2/

[29] Thomas P. Minka, "A family of algorithms for approximate Bayesian inference", PhD thesis, MIT, 2001.

[30] Tom Minka, Ryan Cleven and Yordan Zaykov, "TrueSkill 2: An improved Bayesian skill rating system", 2018.
https://www.microsoft.com/en-us/research/publication/trueskill-2-improved-bayesian-skill-rating-system/

●第 9 章

[31] 足立修一, 丸田一郎, 『カルマンフィルタの基礎』, 東京電機大学出版局, 2012.

[32] 伊東敏夫, 『自動運転のためのセンサフュージョン技術——原理と応用』, 科学情報出版, 2022.

●第 10 章

[33] 三宅陽一郎, 「オンラインゲームにおける人工知能・プロシージャル技術の応用」, 『知能と情報(日本知能情報ファジィ学会誌)』, Vol. 22, No. 6, pp. 745-756, 2010.

[34] Bill Loguidice, "The History of Elite: Space, the Endless Frontier", Game Developer, 2009.
https://www.gamedeveloper.com/design/the-history-of-elite-space-the-endless-frontier

［35］David Braven, "Procedural generation".

https://www.youtube.com/watch?v=iTBvpd3_Vqk

［36］Aristid Lindenmayer, "Mathematical models for cellular interaction in development", *J. Theoret. Biology*, 18, pp. 280-315, 1968.

［37］井尻敬，五十嵐健夫，「スケッチ L-System：ストロークによるフラクタル形状生成インタフェース」, Proceedings of WISS 2005, 2005.

［38］溝口敦士，宮田一乗，「表面の成長による樹木の形状生成」,『芸術科学会論文誌』, Vol. 13, No. 1, pp. 45-58, 2014.

［39］Yoav I. H. Parish, Pascal Müller, "Procedural modeling of cities", SIGGRAPH' 01: Proceedings of the 28th annual conference on Computer graphics and interactive techniques, August 2001, pp. 301-308.

［40］加藤伸子，奥野智江，狩野均，西原清一，「L-system を用いた仮想都市のための道路網生成手法」,『情報処理学会論文誌』, Vol. 41, No. 4, pp. 1104-1112, 2000.

［41］ウィル・ライト（著），多摩豊（訳），『ウィル・ライトが明かす シムシティーのすべて』, 角川書店, 1990.

［42］Will Wright, "Dynamics for Designers", GDC 2003, 2003.

https://www.youtube.com/watch?v=JBcfiiulw-8

［43］ハインツ・オットー・パイトゲン，ディートマー・ザウペ（編），山口昌哉（監訳），『フラクタルイメージ――理論とプログラミング』, シュプリンガー・フェアラーク東京, 1990.

［44］Jacob Olsen, "Realtime procedural terrain generation", Department of Mathematics And Computer Science (IMADA), University of Southern Denmark, 2004.

［45］William L. Raffe, Fabio Zambetta, and Xiaodong Li, "A Survey of Procedural Terrain Generation Techniques using Evolutionary Algorithms", *Proceeding of WCCI 2012 IEEE World Congress on Computational Intelligence*, pp. 2090-2097, 2012.

［46］Colt McAnlis, "HALO WARS: The Terrain of Next-Gen", GDC 2009, 2009.

https://www.youtube.com/watch?v=In1wzUDopLM

［47］Thibault Lambert, Ugo Louche, "WorldGen: Painting the world, one layer at a time", 2021.

https://www.eidossherbrooke.com/news/worldgen-painting-the-world-one-layer-at-a-time/

［48］Kasper Fauerby, "Crowds in Hitman: Absolution", GDC 2012, 2012.

［49］Tara Teich, Ian Lane Davis, "AI Wall Building in Empire Earth (R)II", AIIDE 2006, 2006.

https://ojs.aaai.org/index.php/AIIDE/article/view/18763/18539

［50］Halldor Fannar, "The Server Technology of EVE Online: How to Cope With 300,000

Players on One Server", Game Developers Conference Austin 2008, 2008.

https://gdcvault.com/play/109/The-Server-Technology-of-EVE

［51］ Adam Summerville, et al., "Procedural Content Generation via Machine Learning (PCGML)", IEEE Transactions on Games, 2017.

［52］ Ahmed Khalifa, Philip Bontrager, Sam Earle, Julian Togelius, "PCGRL: procedural content generation via reinforcement learning", *AIIDE' 20: Proceedings of the Sixteenth AAAI Conference on Artificial Intelligence and Interactive Digital Entertainment 2020*, No. 14, pp. 95-101, 2020.

［53］ Jie Gui, Zhenan Sun, Yonggang Wen, Dacheng Tao, Jieping Ye, "A Review on Generative Adversarial Networks: Algorithms, Theory, and Applications", *IEEE Transactions on Knowledge and Data Engineering*, pp. 3313-3332, 2021.

［54］ Isha Salian, 「NVIDIA Research の GauGAN AI アートデモに，テキストから画像を生成する機能が登場」, NVIDIA BLOG, 2021.

https://blogs.nvidia.co.jp/2021/11/30/gaugan2-ai-art-demo/

［55］ Joakim Bergdahl, Camilo Gordillo, Konrad Tollmar, Linus Gisslén, "Augmenting Automated Game Testing with Deep Reinforcement Learning", IEEE CoG 2020.

https://www.ea.com/seed/news/automated-game-testing-deep-reinforcement-learning

●第 11 章

［56］ 森川幸人，「テレビゲームへの人工知能技術の利用」，『人工知能』，Vol. 14，No. 2, 1998.

https://www.ai-gakkai.or.jp/whatsai/PDF/article-iapp-7.pdf

［57］ 森川幸人，「がんばれ森川くんの遺伝子くん」，『ほぼ日刊イトイ新聞』，1999.

https://www.1101.com/morikawa/1999-04-10.html

―― 『アストロノーカ』の事例については，［56］［57］を参考にした.

［58］ Christian Rothe, "Using a Genetic Algorithm in 10 vs. 10 multiplayer matchmaking", nucl.ai, 2016.

―― 『Total War Arena』における遺伝的アルゴリズムについては，［58］を参考にした.

［59］ Paul Tozour, "Postmortem: Intelligence Engine Design Systems' City Conquest", Game Developer, 2013.

https://www.gamedeveloper.com/business/postmortem-intelligence-engine-design-systems-i-city-conquest-i-

［60］ Christian Baekkelund, Damian Isla, Paul Tozour, "From the Behavior Up: When the AI Is the Design", GDC 2013, 2013.

https://gdcvault.com/play/1018057/From-the-Behavior-Up-When

https://gdcvault.com/play/1018219/From-the-Behavior-Up-When

https://gdcvault.com/play/1019071/From-the-Behavior-Up-When

——『シティコンクエスト』の遺伝的アルゴリズムによる自動バランシングについては，[59][60]を参考にした．

[61] Mark J. Nelson, "Bibliography: Encoding and generating videogame mechanics", IEEE CIG 2012 tutorial, 2012.

https://www.kmjn.org/notes/generating_mechanics_bibliography.html

——「ゲーム自動生成」についてはウェブサイト[61]によくまとめられている．

[62] Cameron Browne, *Evolutionary Game Design*, Springer Briefs in Computer Science, 2011.

[63] Cameron Browne, Frederic Maire, "Evolutionary Game Design", *IEEE Transactions on Computational Intelligence and AI in Games*, Vol. 2, No. 1, pp. 1-16, 2010.

——ゲーム自動生成の解説については，書籍[62]と論文[63]を参考にした．

●第13章

[64] Richard S. Sutton, Andrew G. Barto（著），奥村エルネスト純，鈴木雅大，松尾豊，三上貞芳，山川宏（監訳），『強化学習（第2版）』，森北出版，2022.

[65] Richard S. Sutton, Andrew G. Barto, *Reinforcement Learning: An Introduction*, second edition, Bradford Books, 2018.

——強化学習に関して，[65]が草分け的な教科書であり，原著初版が1998年，[64]がその邦訳である．現在，第2版が出版されている．

[66] Volodymyr Mnih, et al., "Playing Atari with Deep Reinforcement Learning", NIPS Deep Learning Workshop, 2013.

[67] Thore Graepel, Ralf Herbrich, Julian Gold, "Learning to Fight", Proceedings of the International Conference on Computer Games: Artificial Intelligence, Design and Education, 2004.

[68] Video Games and Artificial Intelligence, Microsoft.

https://www.microsoft.com/en-us/research/project/video-games-and-artificial-intelligence/

——[68]において，ゲームにおける強化学習についての講演資料をダウンロードできる．

[69] Olivier Delalleau, "Smart Bots for Better Games: Reinforcement Learning in Production", GDC 2019, 2019.

https://gdcvault.com/play/1026281/ML-Tutorial-Day-Smart-Bots

[70] Yves Jacquier, "The Alchemy and Science of Machine Learning for Games", GDC

2019, 2019.

https://gdcvault.com/play/1025653/The-Alchemy-and-Science-of

[71] Inseok Oh, Seungeun Rho, Sangbin Moon, Seongho Son, Hyoil Lee, Jinyun Chung, "Creating Pro-Level AI for a Real-Time Fighting Game Using Deep Reinforcement Learning", 2019 (v1), 2020 (v3).

https://arxiv.org/abs/1904.03821

[72] Jinyun Chung, Seungeun Rho, "Reinforcement Learning in Action: Creating Arena Battle AI for 'Blade & Soul'", GDC 2019, 2019.

https://gdcvault.com/play/1026406/Reinforcement-Learning-in-Action-Creating

https://www.youtube.com/watch?v=ADS1GKFb2T8

●第14章

[73] 銅谷賢治,『計算神経科学への招待 —— 脳の学習機構の理解を目指して』(臨時別冊数理科学 SGC ライブラリ 60), サイエンス社, 2007.

[74] 三宅陽一郎,『戦略ゲーム AI 解体新書 —— ストラテジー&シミュレーションゲームから学ぶ最先端アルゴリズム』, 翔泳社, 2021.

—— ニューラルネットのゲームへの応用事例については書籍[74]において詳しい.

[75] Michael Robbins, "Using Neural Networks to Control Agent Threat Response", Steven Rabin ed., Game AI Pro, chap. 30, pp. 391-399, A K Peters/CRC Press, 2013.

https://www.gameaipro.com/GameAIPro/GameAIPro_Chapter30_Using_Neural_Networks_to_Control_Agent_Threat_Response.pdf

——『Supreme Commander 2』のニューラルネットについては, 文献[75]を参考にした.

[76] Project NERO

https://nn.cs.utexas.edu/NERO/about.html

[77] Kenneth O. Stanley, Bobby D. Bryant, and Risto Miikkulainen, "Evolving Neural Network Agents in the NERO Video Game", In *Proceedings of the IEEE 2005 Symposium on Computational Intelligence and Games (CIG'05)*, IEEE, 2005.

https://nn.cs.utexas.edu/downloads/papers/stanley.cig05.pdf

——『NERO』についてはサイト[76]や[77]を参考にした.

[78] Mat Buckland, "Evolving Neural Net Topologies", *AI Techniques for Game Programming*, chap. 11, pp. 345-411, Cengage Learning Ptr, 2002.

——「NEAT」の解説は書籍[78]の章を参考にした.

[79] Kenneth Stanley, The Evolution of a Spaceship, 2004.

https://nn.cs.utexas.edu/demos/spaceship_evolution/rocket.html

[80] Volodymyr Mnih et al., "Human-level control through deep reinforcement learning", *Nature*, Vol. 518, pp. 529-533, 2015.

[81] 大槻知史(著), 三宅陽一郎(監修), 『最強囲碁 AI アルファ碁 解体新書(増補改訂版) アルファ碁ゼロ対応——深層学習, モンテカルロ木探索, 強化学習から見たその仕組み』, 翔泳社, 2018.

●第 15 章

[82] Ashish Vaswani, et al., "Attention Is All You Need", in *Advances in Neural Information Processing Systems 30*, NIPS, 2017.

[83] Jared Kaplan, et al., "Scaling Laws for Neural Language Models", 2020.
https://arxiv.org/abs/2001.08361

●第 16 章

[84] ジョージ・ガモフ(著), 伏見康治, 市井三郎, 鎮目恭夫, 林一(訳), 『トムキンスの冒険(G・ガモフコレクション 1)』, 白揚社, 1991.

[85] Daiju Nakayama, Kin-ya Oda, "Relativity for games", *Progress of Theoretical and Experimental Physics*, Vol. 2017, No. 11, 113J01, 2017.
https://doi.org/10.1093/ptep/ptx127

[86] 尾田欣也, 中山大樹, 「そげぶ(相対論的ゲーム部)」.
https://sites.google.com/site/sogebueinstein

[87] 尾田欣也, 中山大樹, 「相対論的ゲームを作る」, 日本デジタルゲーム学会(DiGRA Japan)2015 年夏季研究発表大会 企画セッション「物理学とゲーム開発——ゲームにおける物理学の役割と可能性」招待講演, 2015.
https://www.slideshare.net/KinyaOda/ss-77944021

索引

●数字・記号・アルファベット

3次元ユークリッド空間……63

8-bit……50

ε-greedy 法……149

A* 探索法……71

AAA ゲームタイトル……84, 197

AI (Artificial Intelligence)……1, 197

AlphaGo……155, 175

API (Application Programming Interface)
……79

AR (Augmented Reality)……vi, 100

Avalon Hill……14

Blade & Soul……157

ChatGPT……177

CNN (Convolutional Neural Network)……180

CRT (Combat Results Table)……13

D & D (Dungeons & Dragons)……17

DALL-E2……177

Diehard……48

DLA (Diffusion Limited Aggregation)……117

DNN (Deep Neural Network)
……146, 155, 176, 197

DQN (Deep Q-Neural Network)
……149, 161, 172

Dreamcast……75

FIFA ランキング……88

FOR HONOR……155

GAN (Generative Adversarial Network)
……118

GFSR (General Feedback Shift Register)
……45

GPGPU (General-Purpose computing on
Graphics Processing Units)……70

GPT-4.5……183

GPU (Graphics Processing Unit)……69

KR (Knowledge Representation)……70

LCG (Linear Congruential Generator)……38

LFSR (Linear Feedback Shift Register)……40

LLM (Large Language Model)……180, 197

L-system (Lindenmayer system)……108

MCS-AI 動的連携モデル……2

MLP (Multilayer Perceptron)……166, 177

MT (Mersenne Twister)……45

MWC (Multiply-With-Carry)……47

M 系列……42

NEAT (Neuro-Evolution of Augmenting
Topologies)……169

NN (Neural Network)……161

NTSC (National Television System
Committee)……60

PAL (Phase Alternating Line)……60

PanzerBlitz……14

PCG (Permuted Congruential Generator)
……47

PCG (Procedural Contents Generation)
……107, 198

PCGML (Procedural Contents Generation via
Machine Learning)……118

PRNG (Pseudo Random Number Generator)
……37

Q 学習……146

Q 値……148

RD (Rating Deviation)……94

ReLU (Rectified Linear Unit)……180

RLHF (Reinforcement Learning from Human Feedback)……183

RPG (Role-Playing Game)……17

SimCity……111

SDK (Software Development Kit)……iv

$SO(3)$……66, 79

Stable Diffusion……177

$SU(2)$……75

Supreme Commander 2……166

Tactics……13

TD 学習 (Temporal Difference Learning)……150

TD 法 (Temporal Difference Method)……150

TestU01……48

Total War Arena……124

TRPG (和製英語, 英：Tabletop Role-Playing Game; TTRPG)……17

TrueSkill……95

Unity……47, 79, 196

VPS (Visual Positioning System)……101

VR (Virtual Reality)……vi, 81

WR (World Representation)……71

『XCOM』シリーズ……32

xorshift……46

XR (Extended Reality)……197

●あ行

アストロノーカ……121

当たりモデル……67

一般相対性理論……184

遺伝的アルゴリズム……120

遺伝的プログラミング……127

糸井重里のバス釣り No. 1……iii

イロレーティング……88

因子グラフ……95

ウェイポイント・グラフ……71

ウォー・シミュレーションゲーム……10

影響マップ……111

(前進)オイラー法……53

オープンワールド……107

オッズ……92

オンラインマッチング……124

●か行

回転行列……66

拡散律速凝集……117

拡張現実……vi, 100

仮想現実……vi

カルマンフィルター……103

がんばれ森川君 2 号……135

機械学習を用いた自動生成技術……118

疑似乱数生成器……37

ギャラガ……38

キャラクター AI……1, 70

キャリー付き乗算……47

強化学習……146

行列計算……70

局所最適解……121

空間 AI……2, 70

空間幾何……iv

空間推論……2

クォータニオン……66, 75

グラハム・スキャン・アルゴリズム……115-116

クリークシュピール……11

グリコレーティング……94

群衆制御……114

経路探索……72

ゲームデザイン……vi

ゲームライフサイクル……130

現代大戦略……29
コア……70
光円錐……187
合同変換……66
勾配降下法……179
勾配消失問題……180
誤差逆伝播法……136, 164
固定小数点数……52
コンボリューション……173

セガサターン……75
線形帰還シフトレジスタ……40
線形合同法……38
センサーフュージョン……102
戦場のヴァルキュリア……32
戦闘結果表……13

●た行

ターゲッティング問題……ii
大規模言語モデル……180, 197
ダイクストラ法……71
『大戦略』シリーズ……29
畳み込み……173
ダンジョン自動生成……108
ダンジョンズ＆ドラゴンズ……17
チェス……88
チェインメイル……17
地形生成……112
知識表現……70
中点変位法……112
ディープ・Q-ニューラルネットワーク
　　　　……149, 172
ディープニューラルネットワーク
　　　　……146, 149, 176, 197
テーブル型 Q 学習……152
テーブルトーク・ロールプレイングゲーム
　　　　……17
敵対的生成ネットワーク……118
天鳳……48
特殊相対性理論……184
特殊直交群……66
トポロジー検出……72
トムキンスの冒険……184
ドラクエの計算式……25
ドラゴンクエスト……22

●さ行

三角関数……v
シード……37
時間的差分学習……150
時間的差分法……150
シグモイド関数……135, 163
四元数……66, 75
自己位置推定……102
シティコンクエスト……126
自動生成技術……107
シミュレーションゲーム……29
重力定数……196
衝突モデル……67
ジョージ・ガモフ……184
進化アルゴリズム……120, 132
進化的ゲームデザイン……127
人工知能……1, 197
深層学習……176
数学のライブラリ……195
スーパーマリオブラザーズ……59
『スーパーロボット大戦』シリーズ……32
スケーリング則……183
スピノル……75
世界線……186
世界表現……71

ドルアーガの塔……40
ドンキーコング……59

●な行

ナビゲーション・データ……71
ナビゲーション・ボリューム……72
ナビゲーション・メッシュ……71
ニュートン力学……184
ニューラルネットワーク……135, 161
　　──シェーダー……198
ニューロエボリューション……169
ニューロン……162
ネットワーク・グラフ……71

●は行

パーセプトロン……140
パーティクルフィルター……105
ハイトマップ……112
波状攻撃……3
バックプロパゲーション……136, 164
パックマン……1, 38
ハミング距離……123
光のドップラー効果……191
非復元抽出……49
評価関数……ii
『ファイアーエムブレム』シリーズ……32, 49
ファミコンウォーズ……32
フーリエ変換……iv
物理シミュレーション……196
浮動小数点数……52
浮動小数点演算……140
フラクタル……109
プランク定数……184

ブレゼンハムのアルゴリズム……56-57
プロシージャル・コンテンツ・
　　ジェネレーション……107
ベイズ推定……95
ベクターフィールド……112
ベクトル……v
ベルレ法……54
ボイドモデル……142
ホジキン-ハクスレー方程式……162

●ま行

摩擦係数……196
マッチメイク……86
マルチレイヤー・パーセプトロン……166, 177
メタAI……1, 70
メルセンヌ・ツイスタ……45, 194
森田のバトルフィールド……30

●ら行

乱数……36
　　──表……38
リアルタイム3Dシミュレーション……iv
ルンゲ-クッタ法……56
レイトレーシング……198
レーティング……87
　　──偏差……94
　　──変動率……94
ローグ……108
　　──ライクゲーム……108
ロールプレイングゲーム……17
ローレンツ収縮……190
ローレンツ変換……188
ロジスティック分布……91

著者プロフィール

三宅陽一郎
みやけ・よういちろう

1975年兵庫県出身．京都大学総合人間科学部卒業，大阪大学大学院理学研究科修士課程修了，東京大学大学院工学系研究科博士課程単位取得満期退学．博士（工学，東京大学）．2004年よりデジタルゲームにおける人工知能の開発・研究に従事し，現在は，立教大学大学院人工知能科学研究所特任教授，東京大学生産技術研究所特任教授，九州大学マス・フォア・インダストリ研究所客員教授などを兼任．『戦略ゲームAI解体新書』(翔泳社)など著書多数．

清木 昌
せいき・まさし

1979年兵庫県生まれ．東京大学大学院情報理工学系研究科修士課程修了．2004年任天堂株式会社に入社．以降，ゲーム業界にて，プラットフォーム開発からゲーム開発，R&D，新規事業開発を経験．2022年2月より株式会社ほぼ日CTO．2022年10月より東京大学生産技術研究所リサーチフェローを兼任．

数学がゲームを動かす！
ゲームデザインから人工知能まで

2025 年 5 月 10 日　第 1 版第 1 刷発行

著　　者	三宅陽一郎
	清木　昌
発 行 所	株式会社 日本評論社
	〒170-8474　東京都豊島区南大塚 3-12-4
	電話 03-3987-8621（販売）　03-3987-8599（編集）
印　　刷	株式会社 精興社
製　　本	牧製本印刷株式会社
ブックデザイン	原田恵都子（Harada + Harada）
カバー作品	野村康生
図　　版	溝上千恵
	グラフィックアート・イオル
写真撮影	中野泰輔
数学協力	西山　享

JCOPY 〈（社）出版者著作権管理機構委託出版物〉

本書の無断複写は著作権法上での例外を除き禁じられています．複写される場合は，そのつど事前に，（社）出版者著作権管理機構（電話 03-5244-5088, FAX 03-5244-5089, e-mail: info@jcopy.or.jp）の許諾を得てください．また，本書を代行業者等の第三者に依頼してスキャニング等の行為によりデジタル化することは，個人の家庭内の利用であっても，一切認められておりません．

©2025 Miyake Youichiro & Seiki Masashi. Printed in Japan
ISBN 978-4-535-79021-6

「セガ」の社内勉強会の数学テキストが待望の書籍化
セガ的基礎線形代数講座

山中勇毅[著]

ゲーム開発やCG分野をはじめ、数学を活かす現場で知っておきたい線形代数の知識を、従来の教科書のスタイルにとらわれない形で紹介。

目次
- 第1講　イントロダクション
- 第2講　初等関数
- 第3講　ベクトル
- 第4講　行列Ⅰ：連立一次方程式
- 第5講　行列Ⅱ：線形変換
- 第6講　行列Ⅲ：固有値・対角化
- 第7講　回転の表現Ⅰ
- 第8講　回転の表現Ⅱ

●A5判　●定価2,970円（税込）

アニメ・CGの制作現場から数学してみよう！
CGは数学でできている　映像数学の展望

安生健一[著]

映像制作に不可欠なCGは数学でできていた!?
CG表現を支える多様な数学的発想を、映像制作の第一線で活躍する著者が明らかに！

目次
- 第1章　CGやアニメのための簡単な数理モデル
- 第2章　トゥーンシェーディングの数理モデル
- 第3章　フォトリアリスティックレンダリング
- 第4章　1枚の画像から3次元の世界へ
- 第5章　カメラと4元数とファイバーバンドル
- 第6章　形やテクスチャの特徴づけ
- 第7章　物理ベースのアニメーション
- 第8章　キャラクターアニメーション
- 第9章　フェイシャルアニメーション

●B5変型判　●定価3,850円（税込）

日本評論社
https://www.nippyo.co.jp/